草莓栽培形式

露地栽培

小拱棚栽培

塑料大棚栽培

日光温室栽培

高架栽培

高垄多行栽培

柱式立体栽培

斜架式立体栽培

盆栽

起落吊架式栽培

草莓育苗

茎尖脱毒组织培养

原种苗（试管苗）
穴盘驯化

原种苗生产

标准优质种苗

草莓生产技术

蜜蜂授粉

硫磺熏蒸防治白粉病

黑地膜覆盖

喷灌技术

疏花疏果

草莓包装

草莓品种

红颜

甜查理

丰香

章姬

幸香

枥乙女

女峰

全明星

红实美

哈尼

卡尔特一号

草莓病害

V 形褐斑病

分粉病

炭疽病

萎黄病

灰霉病

芽线虫病

草莓虫害

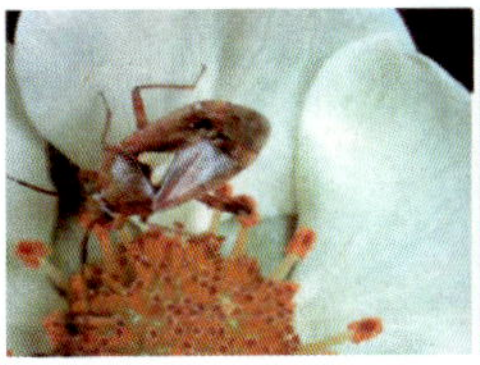

盲蝽

蚜虫

蓟马

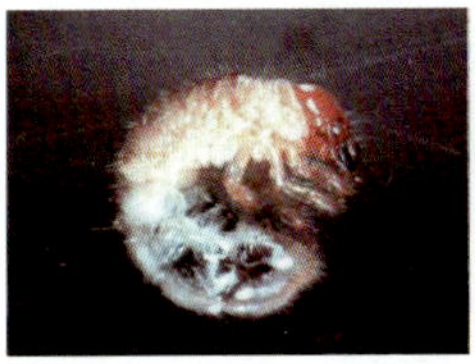

蛴螬

红蜘蛛

根结线虫

白粉虱

草莓缺素症及生理障碍

缺钙

缺钾

缺镁

缺硼

缺钼

缺铁

锌中毒

缺锌

缺铜

硼中毒

草莓畸形果

草莓花冻害

低温花瓣变粉色

冲施肥不当

赤霉素过量

超休眠后苗大花果晚

紫外线光照伤害

氯化苦施用不当

除草药药害

杜克拉组培变异

新型职业农民培育系列教材

新编草莓栽培实用技术

谷 军 王丽文 雷家军 主编

中国农业科学技术出版社

图书在版编目（CIP）数据

新编草莓栽培实用技术 / 谷军，王丽文，雷家军主编．—北京：中国农业科学技术出版社，2015. 12

ISBN 978 – 7 – 5116 – 2452 – 9

Ⅰ. ①新… Ⅱ. ①谷…②王…③雷… Ⅲ. ①草莓 – 果树园艺 Ⅳ. ①S668. 4

中国版本图书馆 CIP 数据核字（2015）第 317438 号

责任编辑 闫庆健 徐春富
责任校对 马广洋

出 版 者 中国农业科学技术出版社
北京市中关村南大街 12 号 邮编：100081
电 话 (010)82106632(编辑室) (010)82109704(发行部)
(010)82109709(读者服务部)
传 真 (010)82106625
网 址 http://www.castp.cn
经 销 者 各地新华书店
印 刷 者 北京富泰印刷有限责任公司
开 本 710mm ×1 000mm 1/16
印 张 10. 5 彩插 8 面
字 数 182 千字
版 次 2015 年 12 月第 1 版 2017 年 2 月第 2 次印刷
定 价 26. 00 元

《新编草莓栽培实用技术》

编 委 会

主　编	谷　军	王丽文	雷家军	
副主编	张大鹏	王锐竹	蒋爱丽	
参　编	谷旭牧	曹坳程	刁玉峰	邢春炜
	谷旭琳	王秋霞	杜翠荣	刘连香
	徐向东	刘中杰	刘洪刚	夏世祥
	齐长虹	高原野	王光远	夏　飞
	尹红艳			

作者简介

谷　军　汉族，1952 年生，大学文化，教授级高级农艺师、享受国务院政府特殊津贴专家、辽宁省高层次科技专家、中国园艺学会草莓分会常务理事、丹东市首届自然科学学科带头人。1992—2012 年任东港市草莓研究所所长、党支部书记，兼任丹东草莓专业技术研究会会长、东港市草莓协会会长。现为辽宁省东港市、凤城市政府草莓产业科技顾问。1984 年开始从事草莓科技工作。负责组建东港市草莓研究所、草莓协会、草莓研究会。研发推广草莓新优品种、种苗脱毒、反季节栽培、土壤消毒、硫磺熏蒸防治白粉病、有机生产等 20 多项先进技术，主持育成“红实美”新品种，最早引进“红颜”“章姬”等国外品种，获 8 项省级科学技术研究成果，7 项科技进步奖。主编《草莓栽培实用技术》《有机草莓栽培技术》，副主编《有机草莓实用栽培技术》《草莓病虫害防治》，参编《中国果树志 · 草莓卷》《中国草莓》《中国甲基溴土壤消毒替代技术筛选》《草莓研究进展》等著作，媒体、刊物发表科普文章等逾百篇。先后到日本、俄罗斯、西班牙、葡萄牙等国家开展技术考察交流，主持完成 16 项国家引智、星火计划项目任务。获全国农业引智先进工作者、全国星火计划先进个人、全国科普先进个人、辽宁省科技扶贫先进个人、丹东市劳动模范、丹东市突出贡献人员、东港市特等劳模和拔尖人才等荣誉称号。

王丽文　12316 新农村热线农村劳动力转移培训专家，现任吉林省农业广播电视学校、农民科技教育培训中心副主任。农业技术推广研究员。1982 年毕业于吉林农业大学，同年分配到通化农业学校从事农业教育，1996 年调至吉林省农业广播电视学校从事农业教育管理，2004 年至 2009 年调到吉林省农村劳动力转移培训阳光工程办公室任副主任。从事农业教育和农民培训 33 年，积累了丰富的经验，先后在国家级刊物上发 50 多篇学术论文及农业科普文章，主持农业科技项目 3 项获科技进步奖励，曾独立承担吉林省广播电台北国农业频道农业科技讲座节目主讲人。从事农村劳动力转移输出培训 6 年，每年深入到全省各县、乡、村，为 5 万左右农民进行近百场《改变观念　提高农民生活品味》《改变使你走向富裕》等的现场演讲，宣传党的惠农政策，激励农民走出去务工。连续 8

年被省农委聘为12316新农村热线农村劳动力专家，每年为近万名农民外出务工、创业、学习农业生产技能、务工职业技能提供有效的指导帮助和建议。亲自为近千名农村妇女和青年人开展月嫂、中国结、草编等培训，手把手教他们致富的本领。为近万名新型职业农民创业、搞观光、休闲、旅游农业精心策划和指导。她常说的一句话是：为农民做事虽然苦着累着，但却快乐着，因为由于我们的辛苦换来农民的致富情愿心也甘。

雷家军　1966年出生，汉族，留日博士，博士研究生导师，教授。现任沈阳农业大学园艺学院教师，兼任中国园艺学会草莓分会副理事长、辽宁省园艺学会常务理事。共主持科技部、教育部及省市级等课题30余项，其中，主持国家自然科学基金项目2项、教育部基金项目1项、辽宁省自然科学基金项目2项。1998—1999年在日本农林水产省野菜茶业试验场久留米支场专门从事草莓种质资源、遗传育种与生物技术研究。共发表论文200篇，主编《中国果树志　草莓卷》《中国草莓》《有机草莓栽培技术》等专著，其中，《中国果树志　草莓卷》为我国该领域的权威著作。

前　言

草莓是老少皆宜的高档水果，其柔软多汁、酸甜适口、营养丰富，而且外观美丽、香气浓郁，素有“浆果皇后”的美称，近年来，我国草莓生产发展迅速，种植面积达210万亩（1亩≈667m^2，15亩=1hm^2。全书同），产量250万t，全国各地均有种植，生产规模和产量已居世界第一位。草莓有季果也可四季结果，一般栽培数月后即可收获，通常5月份上市供应，填补了水果淡季市场。也可用保护地进行促成栽培或一年内多次生产，周年供应，是一种投资少、收益高的经济作物。随着生活水平的提高，人们对生活环境以及生活品质都有了更高的要求，农村清新的环境、宁静的田园更为人们所向往。随着现代农业的发展，草莓作为观光休闲农业中的重要农产品备受农民合作社组织、家庭农场等重视。种植草莓，年收入可观，采用保护地栽培，不同季节出售可达6~80元/kg。大棚草莓每亩纯收入8 000~20 000元，是露地草莓的6~10倍。种植草莓，当年即见效益。如果再与观光休闲农业结合，效益更加可观。

本书以通俗的语言介绍了草莓的营养价值、经济意义、发展现状和生长结果习性；根据多年生产实践经验，以北方生态、生产条件为基础，介绍了实用草莓品种特性特点、种苗繁育和各种生产形式的栽培管理、主要病虫害防治和营养缺素症与矫治技术等；对草莓采后加工贮运和观光采摘园种植草莓进行了阐述；还配刊了草莓生产、品种、病虫害等相关图谱和北方地区草莓生产作业历。可供农业科技人员、观光休闲农业经营者和广大农民阅读参考。

由于编者水平有限，恳请广大读者批评指正！

编　者

2015年5月

内 容 简 介

本书主要内容包括草莓栽培概述、草莓的生物学特征、环境条件对草莓的影响、草莓栽培品种、草莓育苗技术、草莓栽培技术、草莓病虫草害防治技术、草莓食品安全生产、草莓加工等。

目 录

第一章 概 述

一、草莓的价值

（一）草莓的营养保健价值

草莓属蔷薇科（Rosaceae）草莓属（Fragaria），是多年生常绿草本植物，又称洋莓、地果、地莓等，在园艺学上属浆果类果树，栽培种凤梨草莓学名（Fragaia × ananassa Duch.）。

草莓果实鲜嫩多汁、郁香酸甜、风味独特，含糖5% ~12%、酸0.6% ~1.6%、蛋白质0.4% ~0.6%，还含有维生素B、C和Fe、Ga、P等多种营养成分，是老幼皆宜的上乘水果。草莓在药理上性平、味酸、甘，功效清肺化痰、补虚补血、健胃降脂、润肠通便。食用草莓能促进人体细胞的形成，维持牙齿、骨骼、血管、肌肉的正常功能和促进伤口愈合，能促使抗体的形成，增强人体抵抗力，并且具有解毒作用。草莓中含有抗癌的异蛋白物质，能阻止致癌物质亚硝胺的合成。草莓含有多种有机酸、果酸和果胶类物质，能分解食物中的脂肪，促进食欲，帮助消化，促进消化液分泌和胃肠蠕动，排除多余的胆固醇和有害重金属。食用草莓对冠心病、高血压、高血脂、动脉硬化、便秘、贫血、肺结核、气虚、消化不良、暑热烦渴、糖尿病、小便频数、遗尿等多种病症有辅助治疗作用。

草莓在果品生产中占有重要地位，是世界十大水果之一。草莓可食部分占98%，色泽艳丽，酸甜适口，是深受人们欢迎的时令水果，被誉为“水果皇后”。草莓除可鲜食外，还可以加工成草莓酱、草莓罐头等多种食品，可满足不同市场、不同人群的需求，是备受青睐的营养佳品，更是孕妇和老年人不可多得的保健食品。草莓、苹果、菠萝、蜜桃、香蕉营养成分比较，如表1－1所示。

表 1-1　草莓、苹果、菠萝、蜜桃、香蕉营养比较（每 100g 鲜果）

成分	草莓	苹果	菠萝	蜜桃	香蕉
热量（Kcal.）	30	52	41	41	91
硫胺素（mg）	0.02	0.06	0.04	0.02	0.02
钙（mg）	18	4	12	10	7
蛋白质（g）	1	0.2	0.5	0.9	1.4
核黄素（mg）	0.03	0.02	0.02	0.03	0.04
镁（mg）	12	4	8	9	43
脂肪（g）	0.2	0.2	0.1	0.2	0.2
烟酸（mg）	0.3	0.2	0.2	1	0.7
铁（mg）	1.8	0.6	0.6	0.5	0.4
碳水化合物（g）	6	12.3	9.5	9	20.8
维生素 C（mg）	47	4	18	4	8
锰（mg）	0.49	0.03	1.04	0.11	0.65
膳食纤维（g）	1.1	1.2	1.3	0.8	1.2
维生素 E（mg）	0.71	2.12	0	1	0.24
锌（mg）	0.14	0.19	0.14	0.06	0.18
维生素 A（μg）	5	3	3	2	10
铜（mg）	0.04	0.06	0.07	0.08	0.14
胡罗卜素（mg）	0.4	0.2	0.2	0.4	0.6
钾（mg）	131	119	113	169	256
磷（mg）	27	12	9	21	28
视黄醇当量（μg）	91.3	85.9	88.4	88.7	75.8
钠（μg）	4.2	1.6	0.8	2.9	0.8
硒（μg）	0.7	0.12	0.24	0.23	0.87

（二）草莓的经济价值

在世界小浆果生产中，草莓产量与面积一直居于首位。果实成熟早，是露地栽培最早上市的水果，鲜果在春末夏初时成熟，享有“早春第一果”的美誉。草莓同其他水果比较，很适宜保护地设施栽培，通过促成、半促成或抑制栽培，可使草莓基本上做到周年供应。草莓病虫害相对其他果树较轻，很容易栽培或生产无公害果品。其种苗繁殖系数大，栽培周期短，秋季定植当年或翌春即可结果受益。草莓栽培形式灵活，既可大面积种植，又可间套轮作或立体、无土栽培，还可在庭院、阳台、花盆等进行栽培，兼有观赏、美化环境的作用。

草莓产量高，生产效益好。辽宁丹东地区目前一般露地草莓亩产 1.5～2t，产值 4 000～6 000元；日光温室草莓日本品种亩产草莓 2～2.5t、欧美品种亩产草莓 4～5t，产值都在 5 万元左右；早春大拱棚草莓亩产 2～2.5t，产值 6 000元左右。当地草莓生产投入产出比大致为日光温室 1：（3～4），早春大棚 1：（2～2.5），露地生产 1：（1.8～2），而当地水稻和玉米生产投入产出比 1：（1.2～1.3）。东港市草莓生产是当地农村经济的六大支柱产业之一，2015 年生产面积 16 万亩，产量 32 万 t，产值 35 亿元，农业人口人均草莓收入 5 000多元。

二、世界草莓发展现状

（一）世界草莓生产现状

现在全世界栽培的草莓均为八倍体的凤梨草莓（*Fragaria* × *ananassa*，2n = 8x = 56），起源于 2 个 8x 美洲种弗州草莓（*F. virginiana* Duch.）和智利草莓（*F. chiloensis* Duch.）的偶然杂交，大约于 1750 年发源于法国，距今只有约 270 年的历史。自从大果凤梨草莓品种诞生之后，草莓栽培就在欧洲和美洲逐渐推广开来。目前，全世界各地均有广泛栽培，培育的草莓栽培品种大约有 3 000多个。

据中国园艺学会草莓分会统计，2007 年以来，中国一直是世界上草莓栽培面积最大的国家，2010 年全国草莓总面积约 11.7 万 hm^2，总产量约 200 万 t，总面积和总产量均居世界第一位。2015 年全国草莓总面积约 14 万 hm^2，总产量约 300 万 t，总面积和总产量仍居世界第一位。但由于我国统计及相关工作的落后，上报联合国粮农组织（FAO）的草莓面积和产量数远远小于我国的实际数量，甚至不足一个省的栽培面积和产量，在联合国粮农组织（FAO）2010 年统计数据中，中国草莓总面积约为 0.1 万 hm^2，总产量约 1.3 万 t。虽然如此，本书列表数据统计和分析仍以联合国粮农组织（FAO）官方统计数据为参考（表 1－2）。

表 1－2　世界主要生产国 2008—2010 年草莓的面积和产量

国家及地区	面积/hm^2			产量/t		
	2008 年	2009 年	2010 年	2008 年	2009 年	2010 年
世界	248 226	247 758	241 974	4 122 827	4 612 544	4 356 833
欧洲	165 239	162 481	157 903	1 479 778	1 519 214	1 421 168
波兰	54 160	53 551	51 730	200 723	198 907	176 748
俄罗斯	26 300	26 000	26 000	180 000	185 000	165 000

（续表）

国家及地区	面积/ hm²			产量/t		
	2008 年	2009 年	2010 年	2008 年	2009 年	2010 年
德国	13 032	12 978	13 644	150 854	158 563	156 911
土耳其	11 279	12 150	11 679	261 078	291 996	299 940
西班牙	8 134	7 100	7 000	281 240	263 700	275 300
塞尔维亚	7 923	7 916	7 603	37 924	35 799	32 973
乌克兰	8 300	8 200	8 100	52 900	57 900	57 200
意大利	6 409	6 021	5 990	155 583	163 044	153 875
英国	4 879	4 921	4 968	104 900	109 900	102 900
法国	3 051	2 975	2 875	44 141	46 682	46 557
芬兰	3 225	3 270	3 311	11 151	11 578	10 286
瑞典	2 000	1 900	1 900	11 700	11 700	11 500
荷兰	1 600	1 635	1 632	42 200	43 000	42 700
罗马尼亚	2 591	2 507	2 664	21 233	21 969	21 434
捷克	2 467	2 153	495	12 543	10 812	2 654
葡萄牙	1 570	1 600	1 650	2 620	2 650	3 000
挪威	1 500	1 510	1 337	9 607	9 119	7 282
奥地利	1 560	1 253	1 254	19 363	17 108	16 426
比利时	1 600	1 500	1 550	37 400	33 000	35 000
保加利亚	1 182	581	690	8 599	8 599	5 727
北美洲	25 532	26 669	26 102	1 168 717	1 290 171	1 313 499
美国	220 40	23 500	23 060	1 148 350	1 270 640	1 294 180
墨西哥	6 176	6 678	6 282	207 485	233 041	226 657
加拿大	3 492	3 169	3 042	20 366	19 530	19 318
亚洲	31 110	31 960	31 749	734 127	769 530	802 125
日本	6 470	6 360	6 000	190 700	184 700	177 500
韩国	6 394	6 324	6 500	192 296	203 772	231 803
伊朗	2 233	2 372	2 400	28 469	29 294	31 300
哈萨克斯坦	800	800	800	5 020	4 640	5 250
中国	1 090	1 091	1 090	12 606	12 290	12 873
非洲	9 381	10 014	9 293	346 219	612 768	393 489
摩洛哥	2 950	3 214	3 035	130 000	355 020	140 600
埃及	5 232	5 763	5 245	200 254	242 776	238 432
南美洲	8 741	7 947	8 394	144 900	141 009	151 701
智利	1 600	1 685	1 700	41 000	43 736	44 300
大洋洲	1 527	1 440	1 683	29 806	34 146	35 434
澳大利亚	1 297	1 184	1 383	24 506	28 246	29 334

根据 FAO 2010 年统计数据，世界草莓总面积约为 24.2 万 hm^2，总产量约 435.6 万 t（见表 1－2）。2010 年世界上草莓栽培面积最大的国家是波兰（5.17 万 hm^2），其次是俄罗斯（2.60 万 hm^2）、美国（2.31 万 hm^2）、德国（1.36 万 hm^2）、土耳其（1.17 万 hm^2）、乌克兰（0.81 万 hm^2）、塞尔维亚（0.76 万 hm^2）、西班牙（0.70 万 hm^2）、韩国（0.65 万 hm^2）、墨西哥（0.63 万 hm^2）、日本（0.60 万 hm^2）、意大利（0.60 万 hm^2）等。2010 年世界各国草莓单位面积产量最高的前三位国家是：美国 56.0t/hm^2、摩洛哥 46.4t/hm^2、西班牙 39.3 t/hm^2。在亚洲，韩国和日本的平均单产也较高，分别为 35.5t/hm^2 和 29.7t/hm^2。

长期以来，美国一直是草莓产量最多的国家，2010 年产量约为 129.4 万 t，占世界产量的 29.7%，其次是土耳其（30.0 万 t）、西班牙（27.5 万 t）、韩国（23.1 万 t）、日本（17.8 万 t）、波兰（17.7 万 t）、俄罗斯（16.5 万 t）、墨西哥（16.0 万 t）、德国（15.7 万 t）、意大利（15.4 万 t）、摩洛哥（14.0 万 t）、埃及（10.4 万 t）、英国（10.3 万 t）等。

2010 年，世界各大洲中，欧洲草莓产量最高，占全世界的 32.6%，其次是北美洲，占 30.1%。亚洲产量也较高，占 18.4%。非洲（9.0%）南美洲（3.5%）大洋洲（0.8%）3 个洲总量较少，但非洲产量增加较快。欧洲的栽培面积占全世界的 65.3%，北美洲占 10.8%，亚洲占 13.1%，非洲占 3.8%，南美洲占 3.5%，大洋洲占 0.7%。因此，从单位面积的产量来看，北美洲最高，远远高于欧洲及其他各洲。

欧洲草莓产量总体上逐年略有下降。波兰草莓栽培面积居世界首位，但产量居世界第六位。波兰主栽品种为“森加森加拉”（Senga Sengana），种植较粗放，栽培周期一般为 3～5 年，单产低。法国、英国、意大利的产量近几年一直呈下降趋势，但土耳其最近些年草莓生产发展很快，以传统的地毯式栽培方式为主，果实主要加工。现在土耳其和西班牙是欧洲草莓产量最大的国家，西班牙西南部的韦尔瓦省草莓产量占全国的 90%，主要利用小拱棚和塑料大棚生产栽培，以鲜食生产为主，大量出口到法国、德国、英国等国家。俄罗斯面积近几年较稳定，但总产量呈下降趋势，主要采取露地栽培方式，生产的草莓大都用于冷冻、加工或制果酱，品种老化，单产较低。

北美洲草莓产量则呈上升趋势。北美洲的产量主要来自美国，其次是墨西哥和加拿大，生产的草莓主要用于鲜食。美国草莓多为露地栽培，只有很少部分是保护地栽培。加利福尼亚州是美国最大的草莓产区，占美国总产量的 80%，其次佛罗里达州、俄勒冈州和华盛顿州。墨西哥的草莓产量在北美洲居第二位，产品主要出口美国。加拿大的草莓生产呈下降趋势，魁北克省和安大略省是加拿大草莓的主产地。

亚洲草莓主产国是中国，其次是日本和韩国，主要采用设施生产，以鲜食为主。日本草莓主产区是关东、关西、四国、九州和东海，这些地区多集中在气候较温暖的地方。最近几年，九州地区已成为全日本最大的草莓生产基地，占全国总产量的1/3。日本以塑料大棚保护地栽培形式为主，占90%以上，露地栽培面积很少。日本和韩国两国用于加工的冷冻草莓主要靠进口。从20世纪90年代中期以来，随着中国草莓生产的迅速崛起，面积迅猛扩大，亚洲已成为世界草莓的主产地，占据重要地位。

非洲的草莓生产发展很快，主要得益于埃及和摩洛哥的带动。埃及是非洲草莓栽培面积最大的国家，最近几年从美国引进了优质高产新品种，提高了效益，栽培面积逐年增加，生产的草莓主要向欧洲和海湾国家出口。摩洛哥利用其温暖湿润的地中海气候条件，大力发展草莓产业，曾一度成为非洲草莓产量最大的国家，但最近几年面积逐渐减少，次于埃及，但摩洛哥草莓的单位面积产量是世界上最高的国家之一。

（二）世界草莓销售与进出口现状

1. 世界草莓进口情况

全世界进口总量由2000年的48.2万t增加到2010年的71.9万t。据联合国粮农组织（FAO）2010年统计数据，欧洲草莓的进口量远远高于其他洲，约为47.6万t，北美洲第二，约为20.1万t。欧洲的德国、法国、英国、意大利、比利时、荷兰、奥地利和美洲的加拿大、美国和墨西哥是主要的进口国。世界上草莓进口最多的国家是加拿大、德国、法国和美国，2010年进口量分别为为11.1万t、9.8万t、9.3万t和9.0万t。日本不是主要进口国家，本国生产草莓主要是自用，少量用于出口。日本的草莓加工原材料主要依赖于从美国、新西兰、韩国等国的进口，近些年也从中国大量进口速冻草莓，加工产品主要是草莓酱及用做添加剂。到目前为止，中国极少从国外进口草莓。

2. 世界草莓出口情况

全世界草莓出口总量从2000年的46.9万t上升到2010年的81.7万t，呈稳步增加趋势，10年间几乎增加1倍。年产量居世界第三的西班牙，其出口量居世界第一位，2010年出口量达到36万t，约占世界出口量的一半（44%），远远超过其他各国。居第二位的是美国，出口总量从2000年的6.3万t上升到2010年的14万t。墨西哥、比利时、法国出口量也较大。俄罗斯近些年来不再出口，而是大量从国外进口。

3. 世界草莓生产发展趋势

20 世纪后期是世界草莓生产发展最快的时期，其主要特点为栽培面积迅速扩大和产量迅速提高，近些年来的草莓生产已进入了稳定发展的阶段，除少数国家外，产量和面积没有大的波动，而行业水平稳步提高，总体上呈现以下趋势：

（1）稳定面积，提高产量，降低成本。近 10 年来，全世界草莓栽培面积基本上保持在 20 万 hm^2，虽然在近两三年有所提高，但仍保持稳定，维持在 22 万 hm^2 左右，年生产量约 300 万 t。在稳定面积的同时注重提高质量，提高单产，进而提高优质果的产量。由于草莓栽培管理及采收等环节上的机械化程度较低，绝大部分田间作业靠人工操作，劳动强度大，劳动力成本高，零售价偏低，影响了少数国家和地区草莓生产的发展，如日本近些年来虽然草莓年产量较稳定，但栽培面积却呈下降趋势，主要是因为草莓生产劳动强度高、老龄化严重。南半球许多地区劳力不足以及水资源缺乏已经限制了草莓的发展。法国、意大利、西班牙和摩洛哥等地中海沿岸各国由于草莓果实采摘期太集中，在 3—5 月上市，导致产品积压，价格降低。这些国家草莓主要向德国出口，而德国近几年由于大力发展草莓，进口量减少，使上述国家的草莓生产因而受到影响。法国、英国和意大利的草莓面积减少与劳力成本高也有关系。因此，近年来，欧洲、美国等进口加工原材料纷纷转向中国等生产成本低、土地资源丰富的国家。

（2）生产绿色无公害草莓。21 世纪提倡发展无污染食品，重视食品安全，各国在激烈的国际竞争中，对所进口的食品实施严格的标准。从 2001 年 7 月 1 日起欧盟制定和实施新标准，对很多项指标要求检出率为零；德国也对进口食品制定了 1 800多项卫生安全标准。《欧盟有机食品法》的实施严格限制了一些发展中国家的食品出口，中国一些地区也制定出严格的检测标准，要求农副产品必须符合“绿色安全”的要求，生产出绿色食品。由于草莓不耐贮运、不耐清洗，因此，无论直接食用还是用作加工的原材料，都必须安全无污染。

（3）草莓品种更新步伐加快。在许多国家，草莓已成为一种重要经济作物，因此，选育出适合各国气候条件的草莓新品种非常重要。目前，生产上急需优质鲜食品种、优良加工品种、抗病品种、适于不同形式栽培的品种完成更新换代。鲜食品种要求早熟、优质、大果，如日本新培育的优良品种“红颜”“枥乙女”“章姬”“幸香”正在生产上大力推广；加工品种要求果硬、成熟期集中、易于除萼、丰产，如美国加州的适于加工的新品种“卡麦罗莎”（Camarosa）已占 60% 以上；抗性育种要培育出抗果实和叶片病害的品种，力争少施农药或不施农药，甚至进行有机栽培，到2005年，溴化甲烷作为熏蒸剂将被禁止使用，也迫使人们寻找抗土壤病害的草莓新品种；选择适于不同栽培形式的品种进行栽培，可拉开上市时间，实现周年供应。

三、中国草莓生产现状

（一）全国草莓生产概况

大果凤梨草莓在20世纪初传入我国，距今约100年的历史。据《北满果树园艺及果实的加工》（哈尔滨铁道局，日文，1938年）记载，1915年一个俄罗斯侨民从莫斯科引入5 000株“维多利亚”（Victoria）草莓到黑龙江省亮子坡栽培，1918年又有一铁路司机从高加索引种到一面坡栽培。到20世纪30年代，由高丽（今朝鲜）华侨带回草莓（高丽果）到山东黄县一带栽培，后传到烟台、福山、莱阳等地。后来，全国各地通过教堂、教会学校、大使馆等渠道也少量引入。20世纪40年代前，原南京中央大学和金陵大学农学院试验场均曾从国外引进草莓品种，进行筛选和栽培，在一些大城市零星栽培。20世纪50年代中后期，我国草莓生产在大城市附近已开始经济栽培，主要在上海、南京、杭州、青岛、保定、沈阳等城市近郊成片发展，尤以宁、沪、杭一带较盛，东北地区也较多栽培，有的地方已形成较集中的产区。主栽品种“鸡冠”“鸡心”“鸭嘴”“圆球”“紫晶香”等。20世纪60年代我国的草莓生产曾一度发展，当时仅上海的栽培面积曾超过50hm^2，年产量约250t。但随后的“十年动乱”使全国的草莓栽培面积急剧减少，到20世纪70年代后期，我国草莓生产降到了最低谷。如当时上海栽培面积仅2hm^2，年总产量仅12. 5t。1978年，全国栽培面积也不过300hm^2，总产量不足2 000t。我国草莓生产迅速发展始于20世纪80年代。随着改革开放和农村经济体制的改革，草莓生产发展非常迅速，并通过各种渠道从欧美和日本引进一大批优良品种，从中筛选出的“全明星”“戈雷拉”“宝交早生”“丰香”等迅速成为主栽品种，栽培面积逐年扩大甚至成倍增加，栽培形式也由原来的单一露地栽培转变为露地与多种保护地形式并存，使经济效益大大提高。

我国地域辽阔，气候条件差异较大，加之生产力水平参差不齐，因此，栽培形式多种多样。既不像日本以塑料大棚为绝对主体，也不像美国以露地栽培为绝对主体。20世纪80年代以前，我国的基本栽培形式为露地栽培。最近30年来，全国各地各种保护地栽培形式迅速兴起，从简单的地膜覆盖、小拱棚、中拱棚、大拱棚，到金属材料组装的塑料大棚、竹木或钢筋骨架的日光温室，应有尽有。各种形式并存，代表了我国不同地域气候特点和生产力发展水平。在我国保护地栽培形式中，南方地区以塑料大棚及小中拱棚为主，北方地区以日光温室及中大拱棚为主。四川省以塑料薄膜小拱棚栽培为主要设施，成为薄膜小拱棚冬草莓生产基地；浙江、上海、江苏、山东、安徽、河南以塑料大棚栽培为主要设施，成为塑料大棚草莓生产基地；辽宁、河北、北京等北方地区以日光温室为主要设施，成为日光温室草莓生产基地。另外在北京、山东、辽宁等地还进行了抑制栽培。利用我国南北方的区位优势和多种栽培形式的搭配，拉开了鲜果上市时间，取得了显著的价格优势，并且使草莓鲜果供应期延长到6～8个月。北方为12月至翌年6月，南方11月至翌年5月，而且利用成熟时期及价格上的差异加强远运外销，如四川成都的冬草莓通过空运销往全国各地。

据统计，1980年全国草莓面积约666hm^2，总产3 000t左右。1985年，我国草莓栽培面积大约为0.33万hm^2，总产量约2.5万t，分布地点主要集中在少数几个地区。1995年我国草莓栽培面积约为3.67万hm^2，总产量约37.5万t。2007年全国草莓总面积约8.0万hm^2，是1985年的24倍；总产量约150万t，是1985年的60倍，总面积和总产量跃居世界第一位。2015年全国草莓总面积约14万hm^2，总产量约250万t，总面积和总产量仍居世界第一位。其中，辽宁、山东、河北、江苏、安徽、四川、甘肃、浙江、上海、陕西、湖北等栽培面积较大。从1985年到2010年的15年时间里，全国草莓总面积增加35倍、总产量增加80倍。2015年，我国草莓保护地栽培品种以"红颜""丰香""甜查理""章姬""全明星""达赛莱克特""卡麦若莎""明宝""玛丽亚""幸香"等，露地栽培品种以"哈尼""森加森加拉""达赛莱克特"为主。

（二）中国草莓销售与进出口现状

目前中国草莓年产量和面积均居世界第一位，我国草莓主要用于鲜食，只有少量用于加工。近10多年来，开始大量出口日本、欧洲和美国，我国基本不从国外进口草莓。据外贸部门统计，2000—2010年我国草莓出口量分别为2.047万t、2.1万t、3.4万t、7.77万t、7.58万t、9.848万t、7.021万t、10.3万t、9.73万t、9.48万t、11.24万t，主要出口省份包括山东、辽宁、河北、江苏等。主要出口栽培品种为"哈尼""森加森加拉""达塞莱克特""全明星""宝交早生""马歇尔""丰香"等。出口产品除速冻外，还包括单冻草莓、加糖冷冻草莓、速冻草莓、脱水草莓，不同制品间价格差别较大，单冻草莓出口800～1 000美元/t，加糖冷冻草莓、有机栽培草莓则出口价格更高。2002年山东、辽宁出口草莓的田间收购价很高，达3.0～5.0元/kg，大大刺激次年的出口，导致2004年、2005年的收购价格的大幅度下跌，此后又有较大回升。从栽培面积、形式、成本、价格、劳动力资源等方面看，我国具有较大优势，因此今后我国草莓出口将逐年增加，潜力较大（图）。

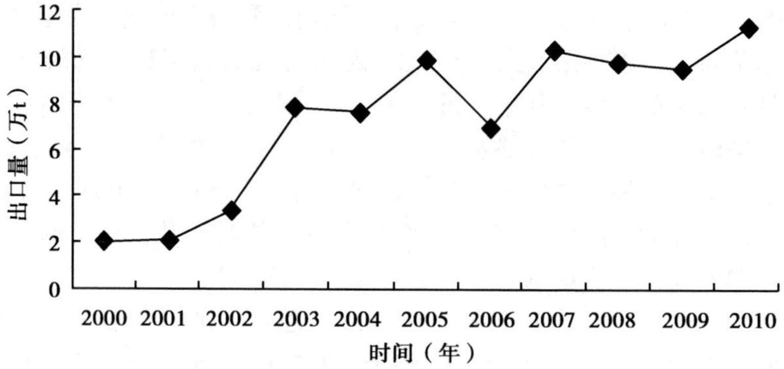

图　中国2000—2010年的草莓出口情况

（三）辽宁省丹东地区草莓生产概况

辽宁省丹东地区是我国最早引入草莓并持续发展的草莓产区。1920年前后，当时“安东育才中学”（现辽东学院农学院前身）从日本引进草莓品种试种，随即被当地农民引回栽植，现在市郊振安区桃源街的草莓沟村民组因此成为永久地名，现东港市椅圈镇夏家村果园村民组有个“三间房”小地方，一个李姓农民，1921年从育才中学引回草莓，近百年世代延续栽植，带动左邻右舍种植草莓创收，20世纪八十年代初，有的日本客商还来寻找“三间房”草莓。近些年来在各级政府对农村种植业结构调整和相关激励政策引导下，在草莓生产科技含量逐渐提高和普及的促进下，全市草莓得到长足发展，2015年生产面积18万亩，其中日光温室12万亩、早春大棚2.5万亩、露地3.5万亩，总产量42万t，产值40亿多元，全市12万户农民种植草莓，草莓生产是农村经济十大支柱产业之一。丹东市属温带湿润季风气候区，年降雨量900～1 200mm，日照时数2 400～2 500小时，≥10℃活动积温3 000～3 300℃，相对湿度60%～80%，无霜期130～185天，夏无酷暑，冬无严寒，全市312万亩耕地中的223万亩旱田多是微酸性棕壤土，土壤比较肥沃。环境条件非常有利于草莓生长发育，加上农民种植草莓的传统积极性、政府的宏观引导和农业科技人员的新技术推广，丹东市目前已经成为全国草莓主产区之一。丹东草莓产量较高，平均亩产2t左右，高于全国平均产量水平，与日本、韩国单产水平相近，可以说丹东草莓单产水平已跻于世界先进行列。丹东草莓品质较好，生产的“红颜”“章姬”“丰香”“宝交早生”“卡尔特一号”“杜克拉”等品种多次评为全国优质果品擂台赛金奖和北京国际农业博览会名牌产品。

东港市是丹东地区草莓主产区，2015 年草莓生产面积已达到 15 万亩，产量 37 万吨，产值 35 亿元，其中，出口 2.5 万吨，创汇 2 000万美元。东港市已经成为全国最大的草莓生产基地，农业人口年人均草莓收入 5 000多元，上百家工贸企业从事草莓贸易和加工，2 000多草莓经纪人队伍，草莓生产已经成为东港市农村重要经济支柱产业之一。

东港市 1999 年被农业部验收命名全国唯一一个“全国优质草莓生产基地”；2004 年被国家商标总局授予第一个草莓地理标志“东港草莓”证明商标；2006 年被农业部验收为第一个“无公害农产品（草莓）”生产基地；2011 年被中国园艺学会草莓分会评定为“全国草莓第一县”。

丹东草莓 80% 鲜果销往东北各地、京、津、沪等地，10% 本地区鲜果消费，少量鲜果出口俄、朝和香港，用于深加工和出口不足 10%。

目前温室草莓销价因品种和上市时间不同而异，日本品种平均约 10 ~ 40 元/kg，欧美品种平均 5 ~ 12 元/kg；春节期间草莓价格较高，元宵节后价格下降快。早春大棚草莓一般平均 8 ~ 10 元/kg，露地草莓 3 ~ 4 元/kg。种植日光温室草莓一般亩收入 6 万 ~9 万元，利润 4 万元以上，比黄瓜、西红柿等蔬菜增收 30% ~50%；早春大棚草莓一般亩收入 20 000元左右，利润 15 000元以上；露地草莓主要是出口订单生产，一般亩收入 5 000 ~7 000元，利润 4 000元以上。

随着我国人民生活水平的不断提高和饮食结构变化，由于保鲜、包装、深加工技术开发和拓宽内外贸易渠道，国内外市场草莓需求量急剧增加。充分利用丹东市生态条件优势和广大农民种植草莓积极性，丹东市草莓仍将持续高效发展。丹东市委市政府已将草莓生产列为全市农村经济重点产业拉长发展，必将促使农民致富、财政创收、国家创汇，拉动地方经济快速发展。

第二章 草莓生物学特征

一、草莓的六大器官

（一）根

草莓的根系是由新茎和根状茎上发生的粗细相近的不定根组成，属于须根系。根的形成层不发达，次生根生长不明显，因此，草莓根系很少有加粗生长。在初生根系上分布许多细根，其上密生根毛，与土壤密切接触，是草莓吸收养分和水分的主要器官（图2－1）。

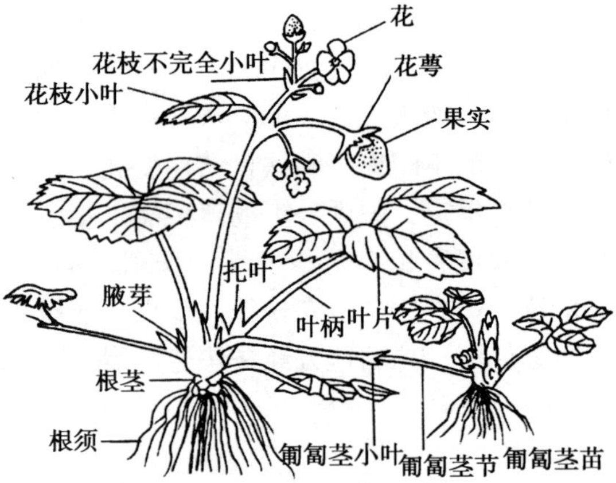

图2－1　草莓植株形态

草莓根系在土壤中分布较浅，根系多分布在20cm以上的土层中，少数根系可达40cm以下。草莓根系分布的深度和生长状况与土壤温度、土壤湿度、土壤通气、品种、栽植密度等有关。在排水良好的沙地中分布较深，黏土中分布较浅，密植时，根系分布相对较深。土壤干旱缺水直接影响根系的生长发育，冬季休眠期缺水可以造成植株越冬死亡。相反，土壤过湿时，由于土壤中缺氧，会抑制根系的呼吸作用，并且造成初生根逐渐木质化，变成老根。

（二）草莓植株形态

草莓根系生长高峰和地上部的茎、叶、果实的生长高峰大致相反。从萌芽至开花期，地上部的生长缓慢，根系生长旺盛，随后，叶和果实生长旺盛，根系生长转入低潮。到了秋季地上部生长缓慢直至停止生长，根系又出现一次生长高峰。通过地上部生长的形态可以判断根系的生长状况，凡地上部生长良好，早晨叶缘具有水滴的植株，其根系中白色吸收根多或有较多的浅黄色根。

（三）茎

草莓的茎按形态分为新茎、根状茎和匍匐茎 3 种类型。

1. 新茎

芽萌发后抽生的当年生茎叫新茎，相当于木本果树的新梢或一年生枝。新茎呈弓背形，粗而短。新茎加粗生长较旺盛，加长生长却很少，每年加长生长仅 0.5～2cm。新茎上密集轮生具长叶柄的叶片，叶腋着生腋芽。新茎顶芽和腋芽都可分化成花芽。腋芽当年可萌发，有的萌发成为匍匐茎，有的萌发成为新茎分枝。新茎分枝发生的数量与品种、株龄和栽培条件有关。一般可形成新茎分枝 3～9 个，株龄大的植株最多可达 20 个以上。新茎下部发生不定根。第二年新茎就成为根状茎。

2. 根状茎

草莓二年生及二年生以上的茎叫根状茎，新茎在第二年其上芽萌发抽生新茎，其上叶片全部枯死脱落后形成外形似根的根状茎，相当于木本果树的二年生枝和多年生枝。因此，根状茎是一种具有节和年轮的地下茎，是营养物质的贮藏器官。2 年以上的根状茎，由下向上、由里向外逐渐衰老死亡，先变成褐色，后变成黑色，其上根系也随着死亡。因此，根状茎越老，地上部生长也越差。

3. 匍匐茎

由新茎叶腋间的芽当年萌发形成的一种特殊地上茎，是草莓营养繁殖的器官。茎细，柔软，节间长，由新茎的腋芽萌发形成。栽培种大果凤梨草莓都是在偶数节位着生匍匐茎幼苗，偶数节位的生长点抽生短缩新茎，在新茎第 3 片叶显露前开始发生不定根，扎入土中，形成第一代子株（匍匐茎苗）。第一代子株又可抽生第二代匍匐茎，产生第二代子株，第二代子株又可抽生第三代匍匐茎，产生第三代子株。依此类推，可形成多代匍匐茎和多代子株。奇数节位不产生子株，腋芽保持休眠或产生匍匐茎分枝（图 2－2）。

匍匐茎大量发生期在果实采收之后。匍匐茎的发生能力与品种、长势、日照与温度、低温量等有关。不同品种发生匍匐茎的能力不同，“甜查理”“明宝”

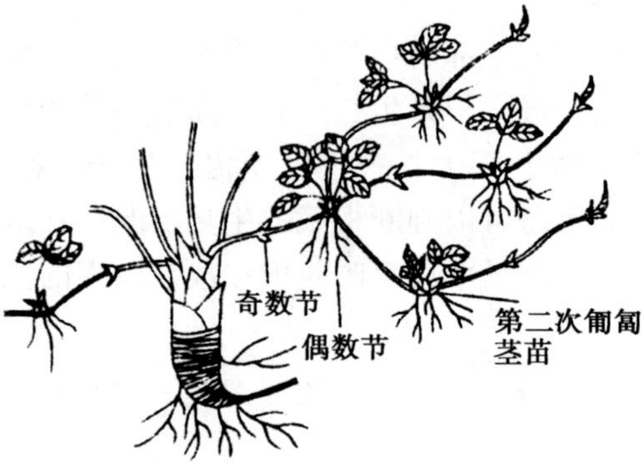

图 2－2　草莓匍匐茎发生示意图

“丰香”等发生能力较强，“红颜”“枥乙女”、四季草莓品种“安娜”等相对较弱。同一品种，健壮苗比弱苗匍匐茎发生多，结果少的苗比结果多的发生多。一般 1 株母株一年中可发生 3～5 代子株，南方可多达 10～12 代，总子株数 30～85 株，多者可达 100～200 株。匍匐茎在长日照下容易发生，但还与温度有关，当温度过低时，即使是长日照匍匐茎也不会发生。光照强有利于匍匐茎发生，但高温下强光，会抑制匍匐茎发生。如南方盛夏高温季节基本不发生匍匐茎。匍匐茎发生量与母株受到 5℃ 以下低温积累时间有关，只有在满足对低温量的要求之后，才会有大量匍匐茎发生。若低温量不足则匍匐茎发生少或不发生。

（四）叶

草莓的叶为三出复叶，叶柄细长，一般 10～25cm，叶柄上多生茸毛，叶柄基部与新茎相连的部分有对生的两片托叶，叶柄中下部有两个耳叶，叶柄顶端着生 3 个小叶。两边小叶对称，中间小叶形状规则，有圆形、椭圆形、长椭圆形、菱形等形状，颜色由黄绿色到蓝绿色，叶缘有锯齿，缺刻数为 12～24 个。齿的先端有很小的水孔，当土壤湿润且根系生长良好时，早晨可见到叶缘排出小水珠。一般从坐果到采果前叶片形状比较典型，能充分反映其品种特性（图 2－3）。

春季温度达到 2℃ 以上时，草莓植株即开始萌芽生长。随着气温的上升，新叶陆续产生，越冬叶逐渐枯死。初期主要依靠根及根状茎内的贮藏养分进行生长。在 20℃ 温度条件下，约 8 天即可展开 1 片叶，1 株草莓年展叶 20～30 片。一年中由于外界环境条件和植物本身营养状况的变化，在不同时期发生的叶，其寿命长短也不一样。叶片寿命一般为 80～130 天。越冬绿叶的数量对草莓产量有

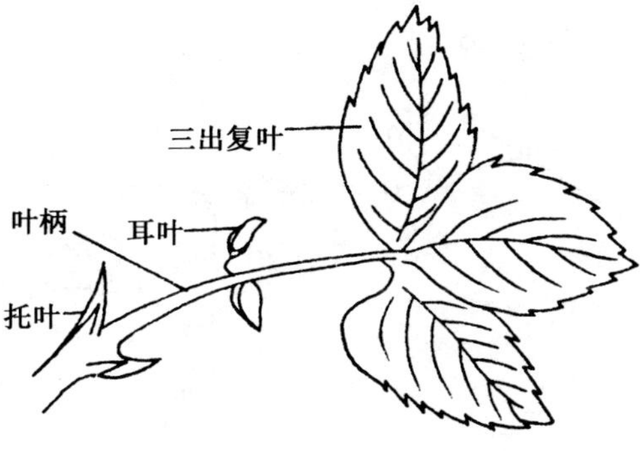

图 2－3 草莓叶片形态特征示意图

明显地影响，保护绿叶越冬，是提高翌年产量的重要措施之一。叶片随着新茎的生长陆续发生，也相继衰老死亡。衰老叶片同化能力降低，并有抑制花芽分化的作用。草莓的芽在 －15 ～ －10℃时就会发生冻害，严重时植株将会死亡。但有的品种在 20 ～30cm 雪层覆盖下可忍受 －30 ～ －25℃的低温。冬季采取覆盖保护措施，即使在 －40℃ 的地区也可栽植草莓。植株萌芽生长时，抗寒能力降低，－7℃时就会受冻害。温度过高也不利于生长，新叶难以长出，老叶往往出现灼伤或焦边，此时应注意灌水或遮荫。水分的适当供给也很重要。土壤含水量过低，则阻碍茎、叶的正常生长。土壤含水量过高，则易引起叶片黄化、萎蔫。

(五) 花

大多数草莓品种的花为完全花，能自花结实。草莓的完全花由花柄、花托、萼片、花瓣、雄蕊、雌蕊几部分组成（图 2 －4）。花托是花柄顶端的膨大部分，呈圆锥形，肉质化，其上着生萼片、花瓣、雄蕊、雌蕊。花瓣 5 ～6 枚，多为白色，萼片 10 枚以上，依品种不同萼片有向内或向外翻卷的特性。雄蕊 30 ～40 个，花药纵裂，雌蕊有 200 ～400 个，离生，呈螺旋状整齐地排列在凸起的花托上。花托膨大后就是平时我们吃的草莓的食用部分。

草莓的花多为二岐聚伞花序，花轴顶端发育成花后停止生长，为一级序花；在这朵花苞间生出两等长的花柄，形成二级序花。依次类推，形成三级序花、四级序花。

当外界温度在 10℃以上时，草莓开始开花，开花时首先是萼片绽开，花瓣同时展开，然后花粉开裂落在雌蕊柱头上，此期的温度直接影响花药开裂，花药开裂的适宜温度是 13. 8 ～20. 6℃，花粉发芽适宜温度为 25 ～30℃，湿度在 40% 左右有利于花粉发芽。花粉在开花后 2 ～3 日内生命力最强。

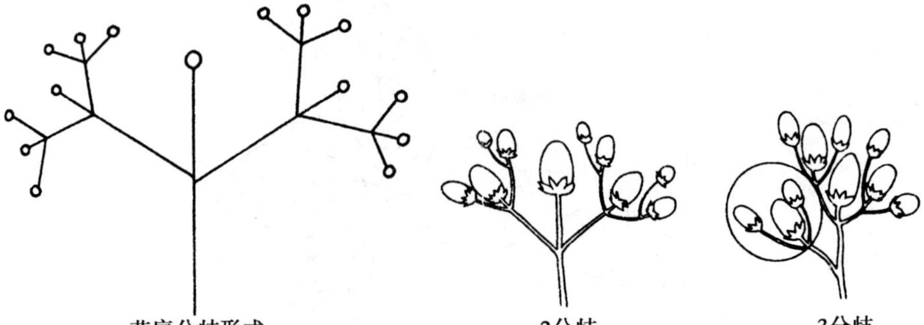

图 2－4　草莓的花

(六) 果实与种子

草莓的果实是由肉质花托膨大而成，植物学上称为假果。由于果实柔软多汁，在栽培学上又称为浆果。草莓花托表面大量着生的离生雌蕊授粉受精后形成许多瘦果，一般也称为种子，种子成熟后呈黄色或红色。瘦果嵌于浆果表面，深度因品种不同而异，或与果面平，或凸出果面，或凹入果面。瘦果与果面平的品种一般较耐贮运。果实成熟时，果面多为红色或深红色，果肉多为红色、粉红色或橘红色。草莓不同品种果实形状不同，常见的果实形状有 9 种，即圆锥形、长圆锥形、短圆锥形、圆球形、扁圆形、扇形、楔形、长楔形、宽楔形。果实的大小因品种而异，同一花序中以第一级序果最大，级数越高，果个越小。种子多少与果实的生长关系密切，没有种子的果实一般坐不住果，即使坐住果，果实也长不大。对同一品种或同一植株而言，种子数越多果个越大。若授粉受精不充分或种子分布不均匀，还会产生畸形果。温度和水分也影响果实的发育，温度偏低则果实成熟晚，温度偏高则果实成熟早，但果个小。果实膨大期水分不足也会使果实变小。因此，草莓果实膨大期最适环境条件为白天平均气温 20～25℃，夜间平均 10℃左右，水分适宜，日照充足（图 2－5）。

果实成熟过程是生理生化的并行转变过程。从果实外部看，授粉后的果实逐渐膨大，果面果肉开始由绿变白，再由白变红，果汁增多，果面泛有光泽。果实着色是先外后里，先受光面后背光面，先果顶后果底部，果实硬度是随着成熟度的加大而由硬变软，香味含量晚熟果低于末成熟果。种籽也随着色和成熟由绿变黄最后成浅黄色或深褐色。果实内部化学成分在绿色和白色时没有花青素，果实着色后花青素急剧增加，含糖量和维生素含量逐渐增多，含酸量则是膨大前期少，中期多，晚熟期减少（表）。

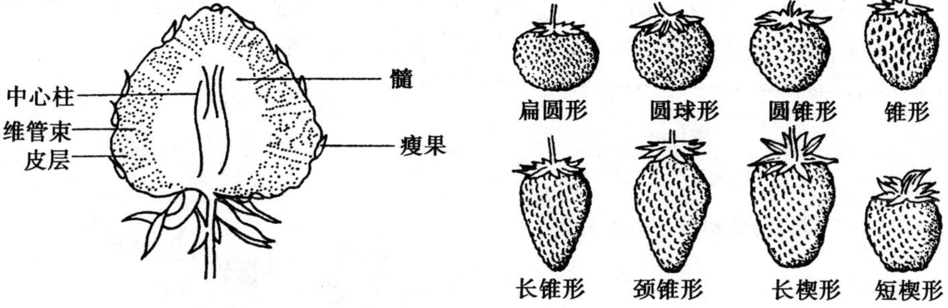

图 2-5 草莓果实形状

表 草莓着色程度与果实品质（日本资料，1997 年）

品种	着色程度	1月10日				3月12日			
		糖度 %	酸度 %	糖酸比	硬度 kg/cm²	糖度 %	酸度 %	糖酸比	硬度 kg/cm²
章姬	3~4分	8.7	0.53	15.1	0.55	8.4	0.62	13.5	0.69
	6~7分	9.0	0.48	18.8	0.44	8.9	0.63	14.1	0.41
	9~10分	9.4	0.46	20.4	0.33	8.7	0.59	14.7	0.32
女峰	3~4分	8.9	0.75	11.9	0.65	7.3	0.81	9.0	0.71
	6~7分	9.6	0.71	12.1	0.58	7.9	0.80	9.9	0.43
	9~10分	9.1	0.69	13.2	0.42	8.3	0.73	11.4	0.35

二、草莓的生长状态

（一）芽与花芽分化

草莓的芽可以分为顶芽和腋芽，顶芽着生于新茎的尖端，向上长出叶片和延伸新茎。顶芽在夏季结果后进入旺盛生长，秋季随温度下降，日照缩短，开始形成混合花芽，叫顶花芽。第二年混合花芽萌发先抽生新茎，在新茎长出 3~4 片叶后，抽生花序。腋芽着生在新茎叶腋时，也叫侧芽。腋芽具有早熟性，在开花结果期可以萌发成新茎分枝，形成新茎苗。新茎苗也叫子苗，子苗繁殖量大小与品种遗传特性有关，总的是四季性品种繁殖系数小，休眠深的品种繁殖系数大。夏季新茎上的腋芽萌发抽生匍匐茎。秋天，新茎上的腋芽不再萌发匍匐茎，有的可以形成侧生混合花芽，叫侧花芽，第二年抽生花序，为萌发的腋芽，有的成为潜伏芽。草莓新茎顶芽和腋芽都可以形成花芽。新茎分枝多，顶花芽分化得就可能多。而腋花芽分化多少除与品种有关外，还与栽培地理位置有关。北方低温来得早，分化时期短，腋花芽分化少，多以顶花芽结果为主。设施栽培和南方地区花芽分化时期长，腋芽可以较多地分化为花芽（图2－6）。

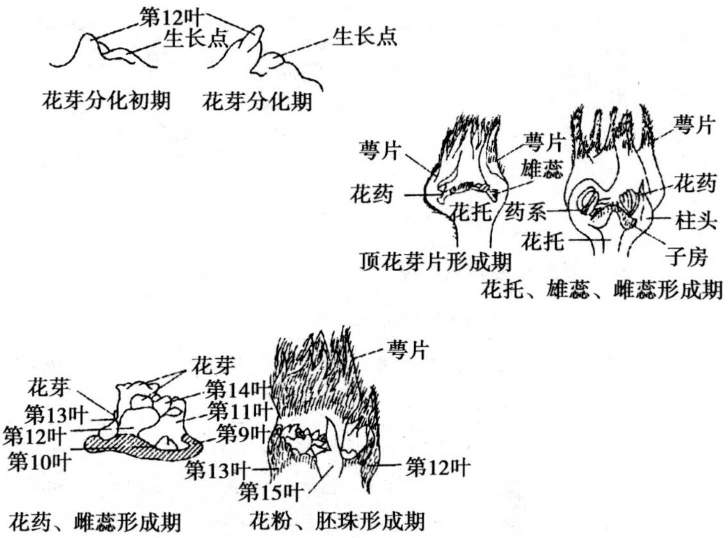

图2－6　草莓花芽分化

花芽分化是草莓生产中的一个关键问题，花芽分化的质量和数量是翌年产量的基础。草莓花芽分化开始的标志是，生长点明显隆起肥大，呈半圆状，随后半圆形呈现凹凸不平，即进入花序分化期。在花序中，一级序花顺序分化出萼片、花瓣、雄蕊和雌蕊。二级序花分化稍晚，顺序分化出三级序花。当顶花芽一级序花进入花瓣和雄蕊分化时期，腋花芽也开始分化。大多数品种在日平均温度降至20℃以下，日照12小时以下的条件诱导下开始花芽分化，在丹东地区自然条件下，目前应用的品种多在8月下旬至9月上旬开始花芽分化。

（二）休眠

草莓的休眠是为避开冬季低温的伤害而形成的一种自我保护性反应。休眠有两种情况：一是由于草莓植株本身内在因素和生理上的需要，需要一定低温积累量，即一定程度低温下经过一定时间才能通过的休眠，叫自然休眠。自然休眠过程是由浅入深，又逐渐觉醒。寒冷地区的品种休眠程度深，温暖地区的品种休眠程度浅。休眠是相对生长而言的，从外部形态看，匍匐茎停止发生，新茎叶柄短，叶面积小，叶色变深，老叶塌地，植株矮化。但内部仍进行生理活动，如呼吸、蒸腾作用及一系列的物质转化，也在低温条件下进行。草莓的自然休眠具有相对性，处于自然休眠的植株，对温度、光照等环境因子变化相当敏感，在适宜条件下，如在日光温室中加温后，新叶便开始伸展，并开花结果。但在自然休眠尚未解除时，草莓植株长势弱，叶片小而叶柄短，果柄短而果实小。当植株解除自然休眠后，新叶便呈直立或斜立状态，叶柄加长，叶片增大，营养生长旺盛，花柄伸长并适时发出匍匐茎。二是被迫休眠，自然休眠满足后，由于外界环境条件不适宜，植株仍保持休眠状态，称为被迫休眠，一旦条件适宜，植株即正常生长发育（图2－7）。

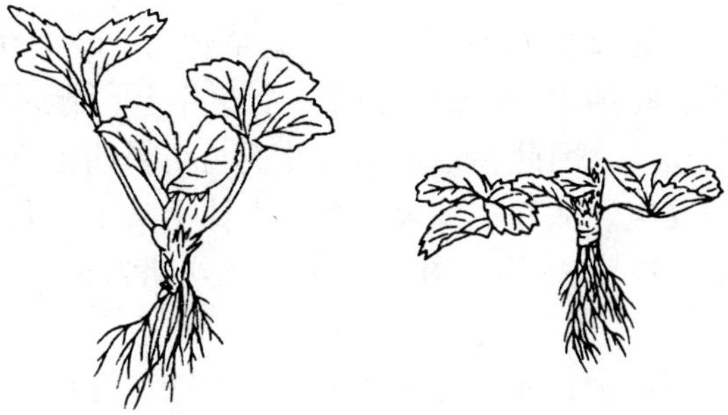

图2－7 草莓植株休眠示意图

影响草莓休眠的内部因素主要有品种特性、激素、营养等，外部因素主要有温度、光照等。通过休眠所必需的一定时间一定程度的低温，称为低温需求量，不同品种间低温需求量存在差异。需求量少的品种适于促成栽培，中间类型或低温需求量多的品种则适宜半促成或露地栽培。草莓植株的休眠与体内激素水平有关，休眠是由于植株体内赤霉素类物质含量减少、脱落酸类物质增加所引起。从外部条件看，低温是诱导进入休眠的主要因素，在低温下，各种生理活动减弱，完成准备休眠的一系列变化。而长日照促进营养生长，短日照抑制生长，促进植株休眠。

（三）物候期

草莓是多年生草本植物，除四季性品种外，在自然条件下露地栽植的草莓生长发育可以分以下6个时期。

1. 萌芽和开始生长期

当早春10cm土层的温度稳定在1～2℃时，草莓根系即开始活动，根系生长比地上部早7～10天。开始生长时，是以去年秋季长出的未老化的根继续延长生长为主，以后随土温升高，才有新根的发生。地上部越冬的叶片首先开始进行光合作用，随后新叶陆续出现，老叶相继枯死。不同地区开始生长期的早晚不同，丹东地区为3月下旬。

2. 现蕾期

地上部生长1个月后出现花蕾，当新茎长出3片叶，而第四片叶尚未伸出时，花序就在第四片叶的托叶鞘内露出，随后花序逐渐伸长，直至整个花序伸出。此时随着气温升高和新叶相继发生，叶片光合作用加强，根系生长达到第一个高峰。

3. 开花结果期

从现蕾到第一朵花开放需15天左右。露地草莓的开花期在丹东为4月末至5月上中旬，花期持续时间约为20天。在同一个花序上，有时第一级序的果已经成熟，而最末的花还在开。因此，草莓的开花期与结果期很难截然分开，此物候期也有少量匍匐茎的发生。从开花到果实成熟大体上需1个月，由于花期长，丹东地区果实成熟期也相应较长，约20天。果实成熟期为5月末至6月上中旬。

4. 旺盛生长期

浆果采收后，在长日照和高温的条件下，首先腋芽开始大量抽生匍匐茎，随后腋芽又分化出新茎，新茎基部相继生长出新的根系。匍匐茎和新茎的大量产生，发根后形成新的植株，为分株繁殖和花芽分化奠定了基础。果实采收期如气温过高，有时也会同时抽出匍匐茎。

5. 花芽分化期

草莓经过旺盛生长期后，在较低的温度（气温在17℃以下）及短日照（12小时以下）的条件下开始花芽分化。低温和短日照是花芽形成最重要的条件，温度低于9℃时，花芽分化和日照长短关系不大，短日照条件下，17～24℃的温度也能进行花芽分化，而在30℃以上，花芽分化停止，但温度过低，降到5℃以下时，花芽分化也停止。在夏季高温和长日照的条件下，只有四季草莓才能进行花芽分化。

6. 休眠期

随着秋季的到来，日照变短，气温降低，草莓进行花芽分化之后，叶柄逐渐变短，叶面积变小，叶柄逐渐平行于地面，不再发生匍匐茎，植株呈矮化状态，即植株已进入休眠状态。当叶柄最短时，也就是休眠最深的时期。当叶柄逐渐伸长，恢复生长时，休眠即告结束。

第三章 环境条件对草莓的影响

草莓适应性强，对环境条件的要求相对不高，因此，栽培和分布范围很广。

一、温度

草莓对温度的适应性较强，一般喜冷凉气候，5℃即开始生长，3℃时老叶变红，0～5℃老叶干缩，只有心叶。生长期遇－2℃的低温会受冻害，－10℃时大多数植株会冻死，根部在－8℃以下，则发生冻害。但休眠期的草莓只要土壤维持正常湿度，在最低气温－30℃地区仍可安全越冬。15～25℃为植株最适生长温度，25～30℃生长缓慢，32℃以上生长受到抑制，叶片出现灼伤或焦边。草莓开花期温度低于2℃或高于35℃都会影响授粉受精，产生畸形果。喜温或耐温程度品种间有差异。

草莓育苗期温度20～25℃时匍匐茎抽生快而多，低于15℃和超过28℃时，匍匐茎抽生慢且数量少。开花授粉期低温或高温能造成花萼和花蕊伤害，影响授粉效果；果实膨大期温度管理不均衡，忽冷忽热可导致果实畸形，超过32℃时，果实急剧受热不能正常膨大着色，果个变小、果形不正、硬度下降，极容易出现“僵果”现象。另外如果高温并高湿条件下，会加剧灰霉病、叶斑病、果腐病、蛞蝓、蜗牛等病虫害的发生蔓延。

温室草莓生产过程中人工手动开闭放风口进行温度调控既费工费力，又控温不准，这里推荐温室大棚智能通风控温机在温室草莓生产上的应用。

温室大棚智能通风控温机设计思路是结合我国温室大棚目前不同地区、不同材料、不同结构的特点，应用现代智能技术，用一个机械模式，模拟人工完成适应各类不同作物温度管理需要的机械装备。其原理是：传感器检测温度，温度值通过导线输送到单片机电脑控制器，电脑控制器依据用户设置的所需要的作物上、下限温度值进行分析处理，当阳光使棚室温度上升到高于设置的上限温度1℃时，控制器指令电机正向工作，电机通过减速机带动收放轴缠绕传动带，带动通风口塑料膜运动打开风口；当温度低于上限温度2度时，即由电脑控制电机反向工作，闭合风口，从而确保在天气多次变化时室内温度均衡，控制安全可靠。

特点：一是可适于安装到不同结构、不同材料、建造水准变化大的所有中国式的棚室上；二是多点感测温度，分段渐进式控制风口，使棚室温度恒定在作物需要的最佳光合作用温度区间；三是一站式管理方式，只要按需要设定温度，便不需要人工管理；四是傻瓜式设定方式，适应于文化层次不同的人们使用；五是低成本，高效益；六是把农艺要求内容融入到智能化管理软件系统。为温室草莓生产标准化、精细化，减轻次生危害，高产量、高品质，高效益提供了保障装备。

二、光照

草莓为喜光耐荫植物，不同生育期对光照的要求不同，在花芽形成期，要求每天 10～12 小时的短日照和较低温度，如果人工给予每天 16 小时的长日照处理，则花芽形成不好，甚至不能开花结果。但花芽分化时给予长日照处理，能促进花芽的发育和开花。在开花结果期和旺盛生长期，草莓需要每天 12 小时以上的长日照时间为好（表 3－1）。

据日本东部园艺分场遮光试验报告，草莓生育、产量、糖度与光照量的关系密切，光照不足时，草莓叶片光合作用受到限制，新叶展开慢，结果数量减少，果实产量和品质下降。

表 3－1　遮光处理对草莓品质和产量的影响

遮光程度	糖度（%）	产量（g）	果数（个）	平均果重（g）	烂果率（%）
CK	9.7	344.4	18.8	18.3	3.4
40%	9.5	222.7	10.7	20.9	21.3
65%	7.8	147.4	7.8	19.2	33.3

注：定植时间 9 月 24 日，棚膜覆盖时间 10 月 31 日，调查时间 3 月 31 日

日光温室和早春大拱棚都需要覆盖农用大棚膜，而大棚膜的种类较多，选择失误将会大大减低透光率、保温效果等。这里介绍目前市场上已有销售的农用大棚膜种类与使用要求。

聚乙烯普通膜：光温性能较差，扣棚初期透光率 60%～70%，无流滴性，使用寿命 120～150 天，使用成本高效益低，已被列入淘汰产品之列。

聚乙烯转光膜（调光膜）：与聚乙烯普通膜相比，其光温性能、流滴性、使用寿命相当，但成本较高，目前实际推广应用价值不大。

聚乙烯防老化膜：光温性能和流滴性及草莓产量与聚乙烯普通膜相当，但使用有效期长，目前在大、中、小棚、日光温室应用广泛。

聚乙烯流滴防老化膜：该膜与聚乙烯防老化膜相比，耐老化寿命相当，但因有流滴性，故温光性能好、增产增收显著。通过测定扣膜初期透光率可达70% ~85%，平均最低气温可提高0.3 ~0.4℃，流滴性持效期为90 ~120天，可提高草莓产量15% ~20%，是设施栽培的一项可靠增产措施，目前普遍应用在大、中、小棚及日光和加温温室。

聚乙烯流滴转光（调光）防老化膜：综合性状与聚乙烯流滴防老化膜相当，有待进一步试验应用。

聚乙烯流滴保温防老化膜：该膜与防老化膜相比，耐老化寿命相当，购置成本略高，扣棚初期透光率为63% ~77%，平均最低气温提高0.5 ~0.6℃，可提高蔬菜产量10% ~15%。该膜可在要求保温条件较高的地区、季节和作物上应用。

聚氯乙烯流滴防老化膜：该膜与聚乙烯防老化膜相比，前期透光率相当，该膜内增相剂不断向膜表面迁移，透光率下降，扣棚后40 ~50天与聚乙烯防老化膜相当，连续覆盖210 ~230天后透光率下降30% ~40%；成本高；但保温性和流滴性较好，适宜在对温度、流滴性要求较高的高效节能日光温室应用。

乙烯—醋酸乙烯与聚乙烯三层共挤流滴保温防老化膜（EVA多功能膜）：该膜与聚乙烯防老化膜相比防老化寿命相当，亩成本略高，透光率相当，平均最低气温高1℃左右，提高产量17% ~25%；因流滴剂慢慢析出膜外表面，有一定的吸尘作用使透光率逐渐下降。因配方用料不同，各型号规格的产品透光率下降也各不相同，其中："乙烯—低醋酸乙烯与聚乙烯"三层共挤流滴保温防老化膜在上述八种膜中温光性能最好，而流滴性不及聚氯乙烯流滴膜，优于聚乙烯流滴膜，是今后发展的方向。

当前草莓设施栽培主要有加温温室、日光温室和大、中、小棚，可选择使用以下几种棚膜：

聚乙烯防老化膜：一般可选择作为大、中、小棚棚膜，厚度为0.10 ~0.12mm。

聚乙烯流滴防老化膜：可应用在大、中、小棚及日光温室上，厚度0.10 ~0.12mm为宜。

低醋酸乙烯含量的乙烯—醋酸乙烯与聚乙烯三层共挤流滴保温防老化膜，可选择作为大、中、小棚和生产耐寒的日光温室棚膜，厚度0.10 ~0.12mm。

高醋酸乙烯含量的乙烯—醋酸乙烯与聚乙烯三层共挤流滴保温防老化膜，可用于日光温室和大、中、小棚，厚度0.10～0.12mm。

多年的生产实践与试验结果证明，正确使用棚膜能够达到降低成本增产增收的目地，因此在使用棚膜上应该注意以下问题：

改进相关设施，流滴膜需在一定角度且无障碍物阻挡的情况下，露珠才能沿膜面顺利流下不滴在作物上，为此棚室高跨比要合理，适当缩小拱杆间距，拉杆和拉索与膜保持一定的距离，保证流滴顺畅。

对棚室骨架材料进行表面处理，拱杆粗糙带刺、易刺破棚膜必须整理，钢骨架要在3年后进行防锈处理，最好涂刷银粉，不宜涂刷油漆或缠绕废旧薄膜，以防薄膜固化而撕裂。

正确采用棚膜粘接技术，一般用垫塑机或熨斗热合粘接，热塑机热合重叠宽度应在3cm以上，熨斗热合重叠宽度应在6～8cm，同时保证粘接牢固度。

扣棚技术要过关，各型号规格的棚膜都应按厂家规定的内外方向扣膜，选择晴天无风天气作业，扣膜时应拉平、绷紧、压牢、固定，采用压膜线固定，不宜采用上下竹杆铁丝穿透棚膜的绑扎固定法。

水分管理适宜，管理上应少灌勤灌，时间最好在晴天10：00～14：00时，同时适当加大放风量。

喷药要谨慎，在喷施含铁、硫元素农药时，切忌喷洒在棚膜上。

注意对棚膜裂口、积雪和灰尘的及时修补和清扫。

废旧膜综合利用：一般多功能膜连续使用12～24个月后性能变差，机械强度降低，废旧膜要及时回收利用，防止出现白色污染。

棚内湿度大，前屋面较平，也易形成水滴。可以采取以下措施：把大豆磨成细粉，每平方米棚膜用大豆粉7.5～10g，对水150g，浸泡2小时后用细纱布过滤，除去渣滓后用喷雾器对着棚膜上的水滴喷洒，可使水滴很快落下，并能保持15～20天不结新的水滴。每10m大棚估算可用黄豆粉0.6～0.75kg，对水10kg左右。

三、水分

草莓为浅根性作物，不耐干旱和涝渍。由于草莓叶片总面积大，老叶死亡和新叶生长频繁更替，叶面蒸腾作用强，大量抽生匍匐茎和生长新茎，决定了整个生长季节对水分有较高的要求。因此，草莓既要求有充足的水分，又要求有良好的通气。冬季草莓休眠时如田间缺水而土壤开裂，会拉断和风干草莓根系，造成“死苗断条”。

草莓受涝时，根系生长受抑制，根皮根毛发黑，易发生根腐病、根红中柱病，淹涝时茎叶打蔫，蛇眼、“V”形褐斑、轮斑、芽枯病和芽线虫病等病虫害都会因田间湿度过大而蔓延加重。如果田间湿度大并高温，草莓营养生长过旺，叶片簿而色淡，枝梗细弱，花小果瘦，果实含糖量下降，硬度偏软、口味变劣，成熟上市时间延迟，据调查，草莓采摘前一天大量灌水，虽然果实重量会增加5%～10%，但会糖量下降1%～2%，硬度减少0.05～0.1kg/cm^2。

四、土壤

草莓对土壤的适应性较广，我国各地均可种植，但在肥沃、疏松、透气的中性或微酸性（pH值为5.5～6.5）土壤中生长更好，pH值在4以下或8以上时就会出现生长发育障碍。土壤过于黏重或积水，不宜栽培草莓，沙性太大的土壤，因保水保肥力差，也不宜种植。

根据辽宁省东港市草莓研究所试验调查，相同品种、相同生产管理条件下，草莓品质、风味均表现砂壤土优于重壤土和黏土，旱田优于水田地；山岗坡地优于平肥甸子地；地下水位低的地块优于地下水位高的田块。而肥力高的田块产量高、植株连续结果能力强。

五、养分

草莓对氮、磷、钾的需求比较均衡，正常生长发育约是1∶1.2∶1的吸收总量。草莓对微量元素比较敏感，尤其是铁、镁、硼、锌、锰、铜等缺少时都会产生相应生理障害，影响正常生长发育。

草莓对氮、磷、钾的需求比较均衡，正常生长发育约是1∶1.2∶1的吸收总量。草莓对微量元素比较敏感，尤其是铁、镁、硼、锌、锰、铜等缺少时都会产生相应生理障害，影响正常生长发育。相反，某种营养元素施用过量，轻则植株生长迟缓，重则出现肥害。其中氮肥过多时，植株徒长，抗逆性抗病虫害能力下降，营养生长与生殖生长失衡，花芽分化时间推迟并分化不充分，在花果期氮肥偏多时，果实畸形、裂果、花萼翻卷率增加，果面果肉着色晚，含糖量下降，硬度变软，商品价值与货架寿命受到影响。

草莓一生对N、K的吸收有两个高峰，一是定植后一个半月到两个月内，吸收量达全部吸收量近1/3，另一个是出蕾至收获期，吸收量点吸收部量近2/3。但草莓对P的吸收没有高峰特点，基本上是平衡吸收。根据草莓这个吸肥规律，施肥原则除了施足缓有机肥外，N肥和K肥以追肥为主，P肥则以基肥为主。

由于草莓是浅根性植物，底肥全层施用在耕层30cm土壤中有利于草莓吸收利用；农家肥一定要腐熟彻底，否则高温发酵产生有毒氨气会伤害草莓。再由于草莓叶面积较大，科学施用叶面肥效果也比较明显。

如何确保草莓可持续生态发展，促进草莓即能优质高产，又能安全、无公害，在生产中推广施用腐熟的优良农家有机肥尤为重要。但是，在生产实践上，往往由于农家肥凑集时间短，或没有进行促成发酵人工措施，农家肥没有充分发酵便下地使用，导致肥效降低或在土中发酵伤害作物（特别是保护地生产）。本书介绍一下农家肥发酵尝试。

（一）农家肥高温发酵的原理

抑菌、灭害：通过持续高温和微生物平衡，堆肥中的有害菌、虫体、虫卵、草籽等农作物有害生物被迅速、彻底杀死，并抑制病原菌再次滋生。

分解转化有害物质：可以分解产生臭气、氨气的有机硫化物、有机氮等有害物质。

富集养分：在农家肥发酵的过程中，肥中养分由无效态和缓效态变为有效态和速效态，有利于作物吸收；形成具有优良吸水保湿特性的聚麸胺（γ－PGA）天然材料，防止肥分和水分的流失，成为土壤养分的天然保护膜，从而达到富集养分作用。

（二）农家肥高温发酵的优点

农家肥高温发酵能够消灭农家肥中的病毒、病菌、虫卵、杂草种子等，减少病虫草害的来源和基数。

农家肥高温发酵后所含营养物质比较全面，含量比较适中，利用率提高，不仅增加了氮、磷、钾的含量，而且还补充了钙、镁、硫、铁及其他微量元素。

施用农家肥高温发酵，可避免未腐熟粪肥在土中发酵产生有害物质和气体，不烧根苗。

农家肥完熟后有大量益生菌群的产生，能活化土壤，促进土壤团粒机构形成，防止养分流失，提高土壤通透性和可耕性，降低土壤板结和盐碱化，疏松土壤。

增加土壤保水保肥能力，减少养分吸收阻力，对作物能起到连年增产、改善品质、增产稳产的目的。

成本低、原料来源广泛、周期短，高温发酵农家肥的使用，既起到节本增效的作用又推动了农产品的无公害化生产。

（三）农家肥高温发酵的具体操作

农家肥高温发酵季节多选在夏季。发酵方法：

1. 物料选择

用新鲜的畜、禽、或城市有机垃圾农家肥，切碎的农作物秸秆、油渣、杂草、等也可作为发酵原料，积肥场应选择地势较高排水较好的场地。

2. 水分控制

新鲜农家肥应晾晒或“立干”并搅拌均匀，水分掌握在60%～70%，手感以用力握一把肥料即成块儿但指缝不向外渗水，落地即散为宜。水分过大发酵升温时间越长，反之升温过快，但降温也快，发酵不彻底。

3. 均匀搅拌

当农家肥和辅料搅拌不匀时，会造成发酵时粪堆内温度参差不齐，不利于彻底发酵。

4. 农家肥发酵堆体

堆体高1.5～2m，堆宽2～3m为宜，长度可以农家肥多少而定，堆肥的体积太小不利于升温发酵。

5. 覆盖农膜

农家肥和辅料按上面要求均匀搅拌堆好之后，堆好的肥堆上面加盖塑膜，为改善堆肥的通透性，塑膜上面打相应小孔，也可在堆肥下埋设打有小孔的PE管通气。

6. 倒粪堆

肥料发酵15天后，揭开棚膜均匀翻堆一次，把外面的肥料翻到里面重新堆积发酵。

7. 发酵时间

在自然气温15℃以上时，一般发酵需50～60天方可完成。

（四）农家肥高温发酵的注意事项

1. 温度

农家肥内层温度可高达80℃以上，但温度太高是对微生物的活动不利，温度70℃以上时好热细菌就失去了活力。因此，高温阶段温度应控制在50～60℃，后熟保温阶段温度应控制在30℃左右，技术人员每周应拿温度计测量肥堆温度，若温度过高或过低应采取相应措施，使之保持适宜温度。

2. 水分

为了提高腐肥质量，发酵前原料水分含量要在控制在70%以下。水分含量太低时微生物失去活力，低于30%时微生物分解反应速度明显降低。因此，水分含量在60%～70%的原料发酵较适合，水分含量不在这个范围时应予以调整。

3. 时间

在发酵时必须保证足够的发酵时间，在腐熟前不能使用。

4. 用量

充分发酵的农家肥安全无害，一般亩施量3～5t均可。

六、其他

田间管理措施对草莓生长发育和生产效益也能产生主要影响。从育苗到生产田管理，中耕除草、养分平衡、病虫害防治、温光水调控，每个环节都十分重要。譬如草莓着色程度和成熟度对果实品质影响就很大，果面着色面积大，完全成熟时草莓含糖量高、酸度小，糖酸比大，适口性就好。果实硬度在收获时，不同采收时间也会发生很大变化，早晨硬度好、耐贮运、货架寿命长。随棚内温度逐渐上升，采收的果实硬度逐渐变软，货架寿命缩短。再如休眠浅的品种在北方露地生产时，植株长势繁茂，但花果量少；休眠深的品种在温室反季节栽培时，不采取相应提前休眠和强制打破休眠技术，则表现长势弱、开花迟、成熟上市时间晚，生产成本加大而经济效益不高。所以，田间管理应以对草莓生长发育产生正面影响而不产生负面影响为原则（表3－2）。

表3－2　草莓收获时间对果实硬度的影响　（日本资料1990年，品种：女峰）

收获时间	室外气温℃	温室内气温℃	温室内湿度%	果实硬度 kg/cm^2
5：00	14.4	14.6	81.8	0.35
7：00	20.0	20.7	67.6	0.35
9：00	22.7	25.8	66.8	0.30
11：00	28.4	29.6	51.8	0.25
15：00	29.4	29.6	47.0	0.15
17：00	26.4	27.1	49.9	0.20

第四章
草莓栽培品种

草莓属于蔷薇科（Rosaceae）委陵菜亚科（Potentilloideae）多年生草本植物，在园艺上属于浆果类果树。现在认为草莓属（Fragaria）植物约有24个种。草莓属植物分布广泛，绝大多数分布在亚洲、欧洲和美洲。中国是世界上草莓野生种类资源最丰富的国家。全世界草莓属约24个种中，我国自然分布13个种，包括8个二倍体种：森林草莓、黄毛草莓、五叶草莓、西藏草莓、中国草莓、绿色草莓、裂萼草莓、东北草莓和5个四倍体种：东方草莓、西南草莓、伞房草莓、纤细草莓、高原草莓。此外，近年来还发现我国东北分布有自然五倍体野生草莓。中国的天山山脉、长白山山脉、秦岭山脉、大兴安岭、青藏高原、云贵高原是天然的野生草莓基因库，蕴藏着种类和数量丰富的野生草莓，存在较多的种、变种和类型，其中，许多为珍稀的优良资源。到2015年为止，沈阳农业大学从全世界收集了野生草莓20个种320份资源，其中包括：原产中国的野生草莓13个种、3个变种、240份资源，对全世界草莓属植物的分类进行了较深入的研究。

我国目前栽培生产的草莓品种有几十个，多来自日本、美国、西班牙、法国、德国、荷兰以及我国自育的品种。世界上栽培草莓品种多为欧美品种和日本品种。欧美品种一般特点为抗病力强，耐粗放管理，果实干物质比重高，酸甜型口味，耐贮运，产量高，鲜食和加工皆可。而日本品种多为抗病力较差，耐高温，休眠浅而适宜反季节保护地栽培，果实色泽艳丽，硬度较软，耐贮运性差，甜度大，糖酸比高，口味香甜，适于亚洲人口味。部分草莓品种的风味特点、休眠深浅、果实用途、耐贮运性等见表4－1。

表4－1　草莓部分品种的特性

品味	风味特点		休眠深浅		果实用途		耐贮运性		适宜栽培形式		
	香甜	酸甜	浅	深	鲜食	加工	较好	较差	温室	春棚	露地
红颜	△		△		△		△		△		
章姬	△		△		△			△	△		

（续表）

品味	风味特点		休眠深浅		果实用途		耐贮运性		适宜栽培形式		
	香甜	酸甜	浅	深	鲜食	加工	较好	较差	温室	春棚	露地
甜查理		△	△		△	△	△		△		△
丰香	△		△		△			△	△		
春香	△		△		△			△	△		
枥乙女	△		△		△		△		△		
红珍珠	△		△		△			△	△		
幸香	△		△		△		△		△		
女峰	△		△		△	△	△		△		
红实美	△		△		△		△		△		
宝交早生	△			△	△			△	△	△	△
久能早生	△		△		△			△	△		
鬼怒甘	△		△		△		△		△		
丽红	△		△		△		△		△	△	
杜克拉		△	△		△	△	△		△		
图德拉		△	△		△	△	△		△		
卡尔特一号		△		△	△		△			△	△
艾尔桑塔		△		△	△		△			△	△
S诺		△	△		△	△	△		△		
安娜		△	△		△		△		△		△
港丰	△		△		△	△	△		△		
哈尼		△		△	△	△	△			△	△
森嘎那		△		△	△	△		△			△
达善卡		△		△		△	△				△
达赛莱克特		△	△		△	△	△		△	△	△
卡麦罗莎		△	△		△	△	△		△		
托泰姆		△	△		△	△	△		△	△	△
常得乐		△	△		△	△	△		△		

目前，世界上育成的草莓品种有3 000多个，并且不断有新优品种育成问世，我国引进和自育的品种也有几百个，这里只介绍近些年我国主栽或有一定栽培面积的品种。

一、日本品种

(一) 章姬 (Akihime)

日本静冈县农民育种家获原章弘以久能早生×女峰杂交育成的早熟品种，1992年注册，现是日本主栽品种之一，1996年辽宁省东港市草莓研究所引入。植株长势强，株型开张，繁殖力中等，中抗炭疽病和白粉病能力中等，丰产性好。果实为长圆锥形，个大畸形果少，可溶性固形物含量9%～14%，味浓甜、芳香，果色艳丽美观，柔软多汁，一级序果平均40g，最大果重130g，亩产3t以上，休眠浅，适宜礼品草莓和近距运销温室栽培。亩定植8 000～9 000株。

(二) 红颜 (Beinihoope)

原名：紅ほっぺ。别名：99号、九九、红颊。日本静冈县农业试验场1993年以章姬×幸香育成。1999年辽宁省东港市草莓研究所引入，因99年引进，丹东地区习称为99号。目前，在全国大量栽培，已成为我国最大面积栽培的主栽品种之一。2010年在我国栽培面积排名第三，2015年已经成为面积最大品种。果实大，圆锥形。果色鲜红，着色一致，富有光泽，果心淡红色。可溶性固形物含量11%～12%，一级序果平均果重32.6g，平均单果18.65g。口感好、肉质脆、香味浓。果实硬度适中，较耐贮运。耐低温能力强，在低温条件下连续结果性好。保护地促成栽培一般亩产量可达3t以上。株型直立、长势旺。叶色浓绿，较厚。不抗白粉病，我国南方栽培时炭疽病较重，繁苗较困难。

(三) 丰香 (Toyonoka)

日本农林水产省以卑弥乎×春香育成的早熟品种，1985年引入我国。植株开张健壮，叶片肥大，椭圆形，浓绿色，叶柄上有钟形耳叶，不抗白粉病。花序较直立，繁殖力中等。果实呈圆锥形，果面有棱沟，鲜红艳丽，口味香甜，味浓，肉质细软致密，可溶性固形物含量9%～11%，硬度和耐贮运性中等。一级序果平均32g，最大65g，亩产1.5～2t，休眠浅，宜温室和早春大棚栽植。亩定植8 000～9 000株，注意防治白粉病。

(四) 枥乙女 (Tochiotome)

日本枥木县农业试验场枥木分场育成，亲本为久留米49号×枥峰，1996年注册，1998年引入我国。植株旺盛，叶浓绿，叶片大而肥厚，繁殖力中等，较抗白粉病，花量大小中等。果实呈圆锥形，鲜红色，肉质淡红空心少，味香甜，可溶性固形物9%～11%，果个较均匀，硬度好，耐贮运性强。第一级序果重30～40g，亩产2t左右。休眠浅，适宜温室生产，亩植9 000株。

（五）鬼怒甘（Kinuama）

日本栃木县宇都宫市农民渡边宗平等从女峰品种变异株中选育而成的早熟品种，1992 年品种登记，1996 年引入我国。长势旺健，株态直立，繁殖力强，耐高温，抗病能力中等。叶片长椭圆形，花蕾量中等，花柄较粗长。果实呈圆锥形，橙红色，种子凹陷于果面，果肉淡红，口感香甜有芳香味，可溶性固形物 9% ~10%，硬度中等。一级序果平均重 35g 左右，最大果重 70g，亩产 2t 左右。休眠浅，适宜温室栽植，亩定植 8 000 ~ 9 000 株，应增施农家肥满足其喜肥需求。

（六）幸香（Sachinoka）

日本农林水产省野菜茶业试验场久留米支场 1987 年以丰香 × 爱美杂交育成，1996 年登记命名，1998 年引入我国。植株长势中等，不抗白粉病，较抗炭疽病，叶片较小，叶色淡绿，植株新茎分枝多，花果量多。果实呈圆锥形，果色较丰香深红，味甜酸，香气浓，可溶性固形物 10% ~11%。硬度好，耐贮运，果个中大均匀，第一级序果均重 20g 左右，最大果重 42g，亩产 2t 以上。休眠浅，适宜温室栽植，亩定植 10 000 ~ 11 000株，应注重预防白粉病。

（七）佐贺清香（Sagahonoka）

日本佐贺县试验研究中心于 1991 年设计大锦 × 丰香组合，1995 年以品系名“佐贺 2 号”在生产上进行试栽示范，1998 年命名为佐贺清香。目前这个品种在日本非常受欢迎，由于其综合性状优于丰香，它将成为取代主栽品种丰香的最具竞争力的品种之一。植株长势及叶片形态与丰香品种有些相似。果实大，一级序果平均单果重 35. 0g，最大单果重达 52. 5g。果实呈圆锥形，果面颜色鲜红色，富光泽，美观漂亮，畸形果和沟棱果少，外观品质极优，明显优于丰香。温室栽培连续结果能力强，采收时间集中。果实甜酸适口，香味较浓，品质优。可溶性固形物含量 10. 2%。果实硬度大于丰香，而贮运性强，货架寿命长。须注重预防白粉病。

（八）女峰（Nyoho）

日本栃木县农试佐野分场 1970 年开始用春香、达娜、丽红为亲本反复杂交育成，1984 年命名，1985 年引入我国。植株长势强，大而直立，匍匐茎抽生能力强，叶片椭圆形，深绿色有光泽。花序梗中等粗，较直立，低于叶面。对红蜘蛛抗性较差，对其他病虫害抗性中等。果实呈圆锥形、深红色，种子分布均匀，微凹于果面，果皮韧性强，耐贮运，果肉红色，酸甜适中，肉质细腻，可溶性固形物 10% 左右，适宜鲜食，也可用做深加工。果个中等偏大，一级序果平均重

14g，最大果重42g，亩产2t左右。休眠浅，适宜温室反季节栽培，亩栽培9 000～10 000株，注意防治蚜虫、红蜘蛛。

（九）春香（Harunoka）

日本农林水产省野菜茶业试验场久留米支场1964年用促成2号×达娜杂交育成，1980年引入我国。植株长势强，冠大直立，匍匐茎抽生能力强，耐高温。叶片长椭圆形，叶色浅绿，花梗中等粗度，低于叶面，花芽形成早。果实呈楔形或圆锥形，橙红色、有光泽，果肉淡黄色，细腻可口，香味浓，可溶性固形物10%上下。果个中大均匀，一级序果均重12g，最大果重30g以上，亩产2t左右。休眠浅，适宜温室反季节栽培，亩栽植9 000～10 000株，注意防治白粉病和黄萎病。

（十）宝交早生（Hokowase）

日本1957年以八云与达娜杂交育成的中早熟品种，植株长势旺而开张，繁殖力强，抗白粉病，对炭疽病和灰霉病抗性差，叶片椭圆呈匙形，单株花序3～4个，果实呈圆锥形，艳红亮丽，种子红或黄色，多凹入果面，果肉浅橙色，味香甜，肉质细软，可溶性固形物8%～10%，硬度差，不耐贮运，是鲜食极佳品种。第一级花序单果重31g左右，亩产可达2t以上。休眠深，适宜温室和露地栽植，亩定植8 000～9 000株。

（十一）红珍珠（Red Pearl）

由爱莓×丰香育成，1991年发表。1999年引入我国。植株长势旺，株态开张，叶片肥大直立，匍匐茎抽生能力强，耐高温，抗病性中等，花序枝梗较粗，低于叶面。果实呈圆锥形，艳红亮丽，种子略凹于果面，味香甜，可溶性固形物8%～9%，果肉淡黄色，汁浓，较软，是鲜果上市上乘品种，亩产2t左右。休眠浅，适宜温室反季节栽培，亩栽植8 000～9 000株，注意预防白粉病。

（十二）丽红（Reiko）

日本千叶县农业试验场用春香自交系和福羽杂交育成，1976年命名发表。我国从1983年引入。植株生长势强，直立，匍匐茎发生能力较强。叶片长椭圆形，较大，中等厚，深绿色，春夏季叶色稍带黄，单株叶片13～14片。花序梗粗，直立，低于叶面，单株花序3～4个，每花序平均8朵花。果实呈圆锥形，平均单果重15～18g，最大果重30g，亩产1.5t以上。果面浓红色，光泽强，种子分布均匀，微凹入果面，果皮韧性强，果肉红色，肉质细，致密，汁多，香味浓，髓心橙红色，中等大，空洞小，甜酸适中，硬度较大，可溶性固形物8.6%。休眠中等偏浅，适宜温室或早春大棚促成或半促成栽培。亩栽植8 000～

9 000株，注意防治蚜虫。

（十三）明宝（Meiho）

日本兵库农业试验场用春香和宝交早生杂交育成，1977 年命名发表。我国 1982 年从日本引入。植株生长势较强，较直立，匍匐茎抽生能力中等。叶片长椭圆形，肥厚，花序梗中等粗，低于叶面。果实呈短圆锥形，鲜红色，光泽强，种子分布均匀，平嵌入果面，果肉白色，髓心部小，空洞小，橙红色，肉质细，稍软，汁多，酸甜适中，具芳香味，可溶性固形物 8.7%。平均单果重 15g，最大果重 40g，对白粉病及灰霉病抗性较强。休眠浅，适宜温室反季节栽培，亩栽植 8 000～9 000株。

（十四）静宝（Shizutakara）

久留米 103 号与宝交早生杂交育成，1980 年定名，1982 年登记。我国自 20 世纪 90 年代引入。植株生长势强，高而直立，收获后半期由于结果负担而使株高降低，叶片变小，长势转弱。抗病性中等，抗黄萎病，对白粉病、炭疽病、灰霉病的抗性中等。匍匐茎发生多，叶片长圆形，较大，单株叶数多。果实为楔形，鲜红色，果肉红色，果心稍空，肉质细，汁多，糖、酸多，香味浓，可溶性固形物 10.2%～11.6%，硬度中等。耐贮运性好，但果色容易转暗色，适宜鲜食和作果汁。休眠浅，适于促成栽培，亩栽植 8 000株。

（十五）静香（Shizunoka）

日本静冈农业试验场以（久留米×宝交早生）×宝交早生育成，1984 年从日本引入。植株长势强，株姿半开张，匍匐茎发生多。叶片椭圆形，中等大，深绿色，每株花序 5～7 个。果实为长圆锥形，鲜红色，果肉淡红色，髓心小，肉质细，味香酸甜，可溶性固形物 8%～9%，较软，不耐运贮。第一级序果平均果重 18g，最大 50g，丰产性好，一般亩产 1.5t，高产可达 2t。休眠浅，适宜促成栽培或露地栽培。亩栽植 8 000株。

（十六）春宵（Haruyoyi）

1996 年引入我国。植株长势强，株型直立，叶大而绿，叶数少，可密植栽培，匍匐茎抽生一般，耐热耐寒性强，抗病性也较强。果实呈圆锥形，果面鲜红有光泽，但光照不足时果色变淡。果肉硬，富有香气，糖度比宝交早生高，畸形果少，果皮强度高，耐贮运性好，品质优良。平均单果重 15g，休眠浅，适于促成、半促成栽培，露地栽培早期花易受冻，畸形果多。亩产 1.5t 以上，亩栽植 8 000株。

（十七）久能早生（Kunouwase）

由旭宝×丽红育成，1983 年发表。日本静冈县石垣栽培主栽品种。该品种植株生长势强，叶片长圆形，浓绿。果实呈圆锥形，鲜红色，果肉较硬，橘红色，果髓空，果汁中等，口味酸甜，种子黄绿色，陷入果面较浅。可溶性固形物 10%，果实硬度中等。最大单果重 38g，平均果重 15g，亩产 1.5t 以上。果实品质好，可鲜食或加工。休眠较浅，适合于促成栽培和露地栽培。亩栽植 8 000～9 000株。

二、中国品种

（十八）红实美

1998 年辽宁省东港市草莓研究所杂交选育，2005 年 1 月经辽宁省农作物品种审定委员会审定命名。植株长势旺健，株态半开张，叶梗粗，叶片近圆形，浓绿肥厚有光泽，极抗白粉病，抗螨类虫害，花梗粗壮，低于叶面，花瓣、花萼肥大，果实为长圆锥形，色泽鲜红，口味香甜，果肉淡红多汁，具有东西方品种融汇特点，可溶性固形物 8%～9%，硬度较好，为 0.55kg/cm^2，可以汽运至黑龙江及俄罗斯海参威市，果个大而亮丽，一级序果平均 45g，最大果重超 100g，单株平均产量 400～500g，最高产单株达 1 500g。休眠浅、早熟适宜温室反季节栽培，亩栽植 8 000～9 000株，经国内专家鉴定认为此品种已达到国际先进水平，温室生产推广潜力巨大。

（十九）明晶

沈阳农业大学园艺系从美国品种自然杂交实生苗中选出。植株生长势强，株姿直立，分枝较少，植株较高。叶片椭圆形，匙状，肥大，较厚，有光泽，深绿色。花序低于叶面，单株平均抽生花序 1.8 个，每花序平均有花 9.7 朵。果实呈短圆锥形，鲜红色，有光泽，种子黄绿色，平嵌于果面，果皮较薄，果肉红色，肉质致密，髓心小，风味酸甜爽口，可溶性固形物 8.4%，硬度较大。第一级序果平均单果重 27.2g，最大果重 43g。早中熟品种，适应栽培的地域广，抗逆性强，越冬性、抗寒性和抗旱性、抗晚霜能力均较强。在北方可露地和保护地栽培，亩栽植 10 000株。

（二十）明磊

沈阳农业大学园艺系从美国品种的实生苗中选出的早熟品种。该品种植株生长势较强，叶片椭圆形，呈匙状，黄绿色，较薄。果实呈圆锥形或楔形，鲜红色，果肉橘红色，肉质细，口味甜，种子黄绿色，陷入果面，有香味，果汁中等，可溶性固形物 12%，果实硬度较大。最大果重 35g，平均果重 14g。该品种具有较强的越冬性，抗寒、抗旱能力强。果实成熟期集中，采收省工，较耐贮运。适于露地和保护地栽培。亩定植10 000～12 000株。

（二十一）明旭

沈阳农业大学园艺系1987年用明晶和爱美杂交育成，1995年10月通过辽宁省品种审定命名。植株生长势强，株高30.6cm，株姿直立。叶片卵圆形，大而厚，绿色。花序梗粗而直立，花序与叶面等高，单株平均抽生花序1.5个，抽生匍匐茎能力强。果实近圆形，果面红色，着色均匀，果肉粉红色，肉质，香味浓，甜酸适口。种子均匀平嵌果面，萼片平贴，易脱萼，可溶性固形物9.1%，果皮韧性好，果实硬度中等，较耐贮运。第一、第二级序果平均重16.4g，最大果重38g，亩产2t以上。抗逆性强，尤其表现植株抗寒性好，适宜温室和露地栽培，亩栽植9 000株。

（二十二）硕丰

江苏省农业科学院园艺研究所1981年用MDUS4484和MDUS4493杂交育成，1989年通过省级鉴定。植株生长势强，矮而粗壮，株姿直立，冠大。叶片圆形或扇形，厚且中等偏大，深绿色，叶面平滑而有光泽，单株叶片8～10片。花序梗粗而直立，高于或平于叶面，每花序着生8～9朵花，每株平均抽生花序3个。丰产性好，果实呈短圆锥形，橙红色，果肉果心均为红色，髓小，无空洞，肉质细，汁多味浓，甜酸适度，可溶性固形物10%～11%，硬度大。种子黄绿色，平嵌于果面。平均单果重15～20g，最大果重50g，为晚熟品种，果实耐贮运性好，耐热性强，抗旱，对灰霉病和炭疽病有较强抗性。植株休眠较深，是露地栽培的优良品种，亩栽植10 000～11 000株。

（二十三）硕蜜

江苏省农业科学院园艺研究所1981年用Honeoye和MDUS4429杂交育成，1989年通过省级鉴定。植株生长势强，矮而粗壮，株姿较直立，冠大。叶片近圆扇形，较大且厚，深绿色，叶面平滑有光泽，单株叶片7片。花序梗中等粗，直立生长，与叶面平，每花序着生5～6朵花，每株平均抽生花序3个。丰产性好，平均单株产量202g，最高达240g。果实呈短圆锥形，深红色，果肉红色，肉质细，果心红色，髓心稍空，汁多，风味甜浓微酸，坚韧，硬度大，可溶性固形物10.5%～11%。种子红色或黄色，平于果面。平均单果重15～20g，最大果重50g。中熟品种，耐贮运性好，在常温下可存放2～3天不变质。耐热性强，是露地栽培的优良品种，亩栽植9 000～10 000株。

（二十四）硕露

江苏省农业科学院园艺研究所1981年用Scott和Beavtr杂交育成，1990年通过省级鉴定。植株生长势强，矮而粗壮，株姿较直立，冠大。叶片长圆形，厚且中等偏大，深绿色，平滑有光泽，单株叶片 10 片。花序梗中等粗，直立生长，低于叶面，每花序着生花 10～11 朵，平均每株抽生花序 2 个。丰产性好，单株产量重 204～289g。果实近纺锤形，鲜红色，光泽好，果顶端尖，肩部狭，种子黄绿色，平嵌果面。果肉橙红色，髓心小，红色，肉质细韧，汁多，甜酸适中，硬度大，可溶性固形物 10.6%。平均单果重 17g，最大果重 45g，为早熟品种，果实耐贮性好，加工性能好，既可鲜食又可加工。适宜露地栽培，亩栽植 10 000株。

（二十五）星都一号

北京市农林科学院林业果树研究所 1990 年以全明星×丰香杂交培育而成的新品种，1996 年定名。植株生长势强，株态较直立。叶椭圆形，绿色，叶片较厚，叶面平，尖向下，锯齿粗。单株花序 6～8 个，花朵总数为 30～58 朵。果实呈圆锥形，红色偏深有光泽，果肉深红色，种子黄、绿、红兼有，分布均匀，花萼中大，果个较大，一级序果平均果重 25g，最大果重 42g。风味酸甜适中，香味浓，可溶性固形物含量 9.5%，果实硬度大，耐贮运，亩产 1.5～2t。适合鲜食、加工、速冻制汁、制酱。适合半促成及露地栽培。亩栽植 9 000～10 000株。

（二十六）星都二号

植株生长势强，株态较直立。叶椭圆形，绿色，叶片厚中等。叶面平，尖向下，锯齿粗，叶面质较粗糙，光泽中等。花序梗中粗，低于叶面，单株花序 5～7 个，花朵总数为 40～52 朵。果实呈圆锥形，红色略深有光泽，果肉深红色，风味酸甜适中，香味较浓，种子黄绿红色兼有，平或微凸，分布密，花萼单层双层兼有。可溶性固形物含量 8.72%，一级序果平均果重 27g，最大果重 59g。果实硬度较好，适宜保护地及露地栽培，鲜食和加工均可。为早熟、大果、丰产、耐贮运品种。亩栽植 9 000～10 000株。

（二十七）石莓一号

石莓一号是石家庄果树研究所于 1984 年从引进的单系中选育出来的，1990 年通过省级专家鉴定并定名。植株生长势强，叶片厚，长圆形，绿色，果实为长圆锥形。果色鲜红，果面有光泽。最大果重 31g，平均果重 19.8g，果肉橘红色，果汁中等，风味酸甜，有香味。可溶性固形物 10.2%，种子深红色，陷入果面深。果柄易脱，果茎明显。丰产性能好，早熟，品质优良，适宜鲜食或加工。既可露地栽培，又适宜保护地栽培。亩栽植 9 000～10 000株。

（二十八）港丰

辽宁省东港市农民魏金胜 1998 年从丰香品种变异株选育。植株长势旺健，繁殖力强，叶肥厚鲜绿，花果量多，抗病性突出。果实近圆锥形，果肉细腻，可溶性固形物7% ~9%，味香甜，硬度较好。一级序果均重30g左右，果实个头均匀，亩产3t以上，休眠浅，适宜温室栽植，亩定植9 000 ~11 000株。

（二十九）春星

河北省农林科学院石家庄果树研究所于1990年以183 -2 ×全明星培育而成，1999年定名。植株生长势强，叶片近圆形，深绿色，叶展角度小，叶缘锯齿深，叶面光滑，质地较软，茸毛少。叶柄浅绿色，茸毛多。花序低于叶面。种子黄色，分布密度中，陷入果肉浅。果实圆锥形，鲜红色，平均果重30g，最大果重78. 7g。果肉橘红色，较硬，有香味，髓心略空，酸甜适度，果汁多，品质好。可溶性固物物含量11%。该品种早熟，丰产，适宜露地和保护地栽培。亩栽植9 000株。

（三十）长虹二号

沈阳农业大学园艺系选育，1998年验收命名的中早熟四季型品种，生长势中等，植株较开张，叶椭圆形深绿色，花序低于叶面，两性花。果呈圆锥形，果面平整有光泽，种子凸出果面。果大，一级序果平均重20. 5g，最大果重48g，汁多，酸甜，香味浓，硬度大，耐贮运。可溶性固形物尽8. 2%。产量高，春秋两季合计亩产1 170kg。该品种抗旱、抗寒、抗病性和抗晚霜能力都较强。亩栽植10 000株。

（三十一）春旭

江苏省农业科学院2000年从春香×波兰引进草莓（品种不详）杂交组合中育成。目前在江苏设施栽培中有较大栽培面积。果实较大，一、二级序果平均单果重15. 0g，最大果重36. 0g。果实呈圆锥形，果面鲜红色、光泽强、较平整。果肉红色，果肉细，甜，味浓，有香气，汁液多。可溶性固形物含量11. 2%品质优，果皮薄，耐贮运性中等。丰产性能好，设施条件下每亩产量为1 757 ~2 199kg。植株耐热、耐寒性强。抗白粉病。早熟品种，早期产量高，抗逆性好，适于大棚促成栽培。

（三十二）硕香

江苏省农业科学院园艺所1995年从硕丰×春香杂交组合中选育而成。果实大，一、二级序果平均单果重17. 0 ~20. 0g，最大果重58. 0g。果实呈圆锥形至短圆锥形，果面深红色、光泽好、平整。果肉深红色，果肉细，浓甜、微酸，有香气。可溶性固形物含量10. 5%，果实硬度好于“宝交早生”，较耐贮运。丰产性能好，单株平均产量177. 4g，平均每亩产844. 0 ~934. 4kg，最高达1 250kg。

耐热性强，对草莓灰霉病、炭疽病具有较强抗性。早熟品种，果实大，果实耐贮、甜、商品果率高。

（三十三）林果四季

北京市林果研究所从国家草莓种质资源圃选出的四季型品种。长势中庸，匍匐茎抽生能力弱，早熟。果实为楔形，红色，平均单果重 11.2g，最大果重 43g，果实外观较好，风味甜酸，有香味，可溶性固形物含量为 6.5%，适合草莓秋季生产和加工。春季果实硬度为 0.24kg/cm^2，单株产量平均 143.6g，秋季果实硬度更大。若秋季加强管理，可填补 8—10 月草莓市场的空白。亩栽植 10 000株。

（三十四）申旭 1 号

上海农业科学院和日本国际农林水产业研究中心合作于 1997 年在上海农业科学院园艺研究所以盛冈 23 号 × 丽红育成。果实较大，平均单果重 12.3g。果实呈圆锥形、楔形，果面深红色、着色一致、平整。果肉橙红色，果肉细，硬度中等，耐贮性优于“丰香”。酸甜适度，略有香味。可溶性固形物含量 9.7%。丰产性能好，平均单株产量 322.0g，早期产量和总产量均高于“宝交早生”。对炭疽病、灰霉病抗性强。休眠较浅，花芽分化期与“宝交早生”相近。早熟品种，适于促成、半促成栽培。

（三十五）申旭 2 号

上海农业科学院和日本国际农林水产业研究中心合作于 1997 年在上海农业科学院园艺研究所以久留米 49 × 8418 – 23（女峰 × 久留米 45）育成。果实中等大小，平均单果重 11.5g。果实呈圆锥形，果面橙红色、着色一致、有光泽、平整。果肉粉红色，髓心中等大小、心实、浅红色。果肉细，质地脆，硬度中等。酸甜适度，香味浓，汁液中等多。可溶性固形物含量 9.6%。丰产性能好，单株平均着果 37.8 个，平均单株产量 357.0g，作促成栽培时早期产量和总产量均高于“丰香”。早熟品种休眠浅，适于南方促成栽培。

（三十六）秀丽

沈阳农业大学 2010 年从吐德拉 × 枥乙女杂交组合中育成的草莓日光温室促成栽培新品种。一级序果为圆锥形或楔形，二级序果和三级序果为圆锥形或长圆锥形；一、二级序果平均单果重 27.0g，最大单果重 38.0g；果面红色，有光泽；果肉红色，髓心白色，无空洞，汁液多，风味酸甜，有香味；可溶性固形物含量 10.00%，可溶性糖含量 7.70%，可滴定酸含量 0.80%，维生素 C 含量 0.640mg/g，果面硬度为 0.43kg/cm^2；在沈阳地区日光温室促成栽培，12 月中下旬果实开始成熟，1 月中下旬大量成熟。

（三十七）紫金1号

江苏省农业科学院园艺研究所2005年从硕丰×久留米杂交育成。果实为圆锥型，果面鲜红，洁净漂亮，种子微凹于果面，果型整齐。果肉和髓心红色或橙红色，果味酸甜。果实除萼较易。可溶性固形物在9%以上。平均单果重14g。该品种除保持了母本硕丰果实表面和果肉红色、可溶性固形物含量高、丰产性好、抗病性强等特点外，还具有果实味酸甜浓、肉质稍软、除萼容易、植株直立等优良加工特性，适于半促成和露地栽培。

（三十八）宁玉

江苏省农业科学院园艺研究所2010年由幸香×章姬杂交育成。果实为圆锥形，果形端正，一、二级序平均单果质量24.5g，最大52.9g，产量达33 180kg/hm^2；果面红色，光泽强；果肉橙红，味甜，香浓，耐贮运，可溶性固形物10.7%，总糖7.384%，可滴定酸0.518%，维生素C 0.762mg/g，硬度1.63kg/cm^2。植株半直立，长势强，叶片椭圆形、粗糙。早熟品种，适于大棚栽培。

（三十九）宁丰

江苏省农业科学院园艺研究所用“达赛莱克特”为母本、“丰香”为父本经杂交选育而成的设施草莓新品种。早熟丰产，果实外观整齐漂亮，畸形果少。果实为圆锥形，果面红色，光泽强。肉质细，风味甜，南京地区全年平均可溶性固形物9.8%，硬度1.68kg/cm^2。果大，果个均匀，平均单果质量达16.5g，株产328g。植株长势强，半直立。抗炭疽病，白粉病，适合我国大部分地区促成栽培。

（四十）雪蜜

江苏省农业科学院园艺所2003年选育的新品种。原始材料由日本友人提供，经组培诱变、田间栽植后选出。株姿半直立，叶片较大，近椭圆形，株高15cm左右。果实为圆锥形，果面平整，鲜红色，着色易，光泽强；果基无颈，无种子带；果肉橙红色，髓心橙红或白色，大小中等，无空洞或空洞小；香气较浓，酸甜适中，品质优。最大果重45g，可溶性固形物11%，总糖5.46%，可滴定酸0.69%，维生素C 0.612mg/g，硬度0.68kg/cm^2。“雪蜜”对白粉病的抗性强于“丰香”。

（四十一）紫金四季

江苏省农业科学院园艺研究所2011年由甜查理×林果杂交育成，为四季性品种。果实为圆锥形，平均单果质量16.8g，最大果质量48.3g，产量达

31 185kg/hm^2；果面红色，光泽强；果肉红，味酸甜浓，耐贮运，可溶性固形物10.3%，总糖7.152%。

（四十二）天香

北京市农林科学院林业果树研究所2008年从达赛莱克特×卡姆罗莎杂交组合中选育而成。果实为圆锥形，橙红色，有光泽，种子黄绿红色兼有，平或微凸果面，种子分布中等。果肉橙红色。花萼单层双层兼有，主贴副离。一、二级序果平均果重29.8g，最大果重58g。外观品质好，风味酸甜适中，香味较浓。可溶性固形物含量8.9%，维生素C含量每100g鲜果65.97mg，总糖5.997%，总酸0.717%，果实硬度为0.43kg/cm^2。植株生长势中等，株态开张。

（四十三）燕香

北京市农林科学院林业果树研究所2008年从女峰×达赛莱克特杂交组合中选育而成。果实为圆锥或长圆锥形、橙红色、有光泽。果肉橙红色，风味酸甜适中，有香味。第一、第二级序果平均果重33.3g，最大果重54g。可溶性固形物含量8.7%，维生素C每100g鲜果72.76mg，总糖6.194%，总酸0.587%，果实硬度0.51kg/cm^2。植株生长势较强，株态较直立。

（四十四）书香

北京市农林科学院林业果树研究所2009年由女峰×达赛莱克特杂交育成。果实呈圆锥形，果形端正，平均单果质量24.5g，最大76g，深红色，光泽强，有香味，耐贮运，抗白粉病，可溶性固形物含量10.9%，总糖5.56%，总酸0.52%，维生素C 0.492mg/g，果实硬度2.293kg/cm^2。植株长势较强。在北京地区日光温室栽培条件下1月上中旬成熟。

（四十五）石莓6号

河北省农林科学院石家庄果树研究所2008年从36021×新明星中选育而成。果实为短圆锥形，一级序果平均单果重36.6g，二级序果22.6g，三级序果14.9g，最大果51.2g，平均单株产量401.6g，丰产性好。果面平整，鲜红色（九成熟以上深红色），萼下着色良好，有光泽，无畸形果，无裂果，有果颈。果肉红色，质地细密，髓心小无空洞。果汁中多，味酸甜，香气浓，可溶性固形物含量9.08%。果实硬度0.512kg/cm^2，硬度大，贮运性好。植株长势强，叶绿色，光泽强。中熟品种。

（四十六）久香

上海市农科院林木果树研究所2007年从久能早生×丰香杂交组合中选育而成。果实呈圆锥形，较大，第一、第二级序果平均质量21.6g。果形整齐，果面橙红富有光泽，着色一致，表面平整。果肉红色，髓心浅红色，无空洞；果肉细，质地脆硬；汁液中等，甜酸适度，香味浓。植株生长势强，株形紧凑。花序高于或平于叶面，匍匐茎繁殖能力强。设施栽培可溶性固形物9.58%～12%，可滴定酸为0.742%，维生素C为0.978 3mg/g。对白粉病和灰霉病的抗性均强于“丰香”。

（四十七）3公主

吉林省农业科学院果树研究所2009年从公四莓1号×硕丰杂交组合中选育而成。一、二级序果平均重15.1g，一级序果平均重23.3g，最大果重39g。一级序果楔形，果面有沟，红色，有光泽，二级序果园锥形，果面无沟。果肉红色，髓心较大，微有空隙。香气浓。味酸甜，品质上。四季结果能力强，在温度适宜的条件下可常年开花结果。露地栽培春、秋两季果实品质好。含可溶性固形物春季10%，夏季8%，秋季15%。总糖7.01%，总酸2.71%，维生素C每100g鲜果91.35mg。丰产，抗白粉病，抗寒。生长势中等。叶片椭圆形或圆形，深绿色，有光泽。花序高于叶面。四季品种。

（四十八）晶瑶

湖北省农业科学院经济作物研究所2008年从幸香×章姬杂交组合中选育而成。目前在湖北省有一定栽培面积。果实呈略长圆锥形，果面鲜红，外形美观，富有光泽，畸形果少。果实个大，丰产性好。果实整齐。肉鲜红，细腻，香味浓，髓心小、白色至橙红色，口感好，品质优，耐贮性好。育苗期易感炭疽病，大棚促成栽培抗灰霉病能力与丰香相当，抗白粉病能力强于丰香。植株高大，生长势强。叶片长椭圆形，嫩绿色。植株形态与果实外观与红颜相近。早熟品种，适于大棚和日光温室生产。

三、欧美品种

（四十九）甜查理（Sweet Charlie）

美国品种，以FL80－456×Pajaro育成，1999年由北京市农林科学院从美国引入。引入我国后在南北各地开始了推广试栽，目前是我国栽培面积最大的主栽品种之一，在北京、辽宁、山东、福建、江苏、河北、吉林、广东等地有较大栽培面积。2010年在我国栽培面积排名第二位。果实较大，形状规整，呈圆锥形。果面鲜红色，颜色均匀，富光泽。果面平整。种子较稀，黄绿色，平于果面或微凹入果面。果肉橙红色，酸甜适口，甜度较大，品质优。果较硬，较耐运输。丰产性中等。植株长势中等。匍匐茎抽生能力强。可作为日光温室或塑料大棚早熟促成栽培。

（五十）杜克拉

别名：弗吉尼亚、弗杰尼亚、弗杰利亚、A 果。西班牙中早熟品种，植株旺健，抗病力强，叶片较大，色鲜绿，繁殖力高。可多次抽生花序，在日光温室中可以从 12 月下旬陆续多次开花结果至翌年 7 月。果实为长圆锥形或长平楔形，颜色深红亮泽，味酸甜，硬度好，耐贮运，鲜果汽运可达俄罗斯海参威市。果个大，产量高，顶花序单果重 42g 左右，最大果重可超过 100g。亩产 4t 以上，辽宁省东港市日光温室最高产典型亩产曾达 6t 多。适宜温室栽培，鲜食加工兼可，亩定植 9 000 ~ 11 000株。

（五十一）全明星（All Star）

美国农业部马里兰州农业试验站杂交育成的品种。生长势强，叶片椭圆形，较厚，深绿色。果实呈圆锥形，鲜红色，平均果重 21. 3g，最大果重 32g。果实硬度大，果肉橘黄色或淡红色，髓心空，味酸甜，有香味，果汁多。可溶性固形物 6. 8%，种子黄色，向阳面红色，陷入果面较浅。该品种耐高温高湿，对枯萎病、白粉病及红中柱病的部分生理小种抗性强，对黄萎病也有一定的抗性。丰产性好，亩产 2t 以上。果实耐贮运，适宜鲜食或加工。适宜露地和保护地栽培。亩栽植 9 000株。

（五十二）卡麦罗莎（Camarosa）

别名：卡麦若莎、卡姆罗莎、童子一号、美香莎。美国加利福尼亚州福罗里大学于 20 世纪 90 年代育成品种，近年引入我国。该品种长势旺健，株态半开张，匍匐茎抽生能力强，根系发达，抗白粉病和灰霉病，休眠浅，叶片中大，近圆形，色浓绿有光泽。果实为长圆锥或楔状，果面光滑平整，种子略凹陷果面，果色鲜红并蜡质光泽，肉红色，质地细密，硬度好，耐运贮。口味甜酸，可溶性固形物 9% 以上，丰产性强，一级序果平均重 22g，最大果重 100g，可连续结果采收 5 ~ 6 个月，亩产 4t 左右，为鲜食和深加工兼用品种。适合温室和露地栽培，亩栽植 10 000 ~ 11 000 株。

（五十三）托泰姆（Totem）

美国育成品种，是美国和加拿大主栽品种之一。近年引入我国。植株长势强，株态直立，叶鲜绿色，叶片椭圆形，果梗粗壮，低于果面。果实深红色，呈粗圆锥形，硬度中等，口味酸甜，可溶性固形物 8% 以上。果个大而均匀，一级序果平均 22g，最大可超 100g，亩产 3t 以上，适宜鲜食和深加工，可温室和露地栽培，亩栽植 9 000 ~ 10 000株。

（五十四）常得乐（Chandler）

别名：常德乐。美国品种，以 Douglas × Cal72. 361 – 105（C55）育成，1983 发表。美国加州大学于 20 世纪 90 年代育成品种，近年引入中国。植株长势稳健，半开张，抗病力强，叶色深绿，叶片近圆形，有光泽，花梗粗壮，低于叶面，果实深红色，呈圆锥形，硬度好，口味甜酸，可溶性固形物 9%，一级序果平均 18g，最大单果重 70g，亩产 3t 以上，是鲜食和深加工兼用品种。适宜温室和露地栽培。亩栽植 10 000株。

（五十五）达赛莱克特（Darslect）

法国达鹏种苗公司于 1995 年培育的新品种，亲本是美国的派克与荷兰的爱尔桑塔，近年引入我国。植株生长势强，株态较直立，叶片多而厚，深绿色，对红蜘蛛抗性差，较抗其他病虫害。果实为长圆锥形，果形整齐，大且均匀，一级序果平均单果重 25 ~ 35g，最大果重 90g。果面深红色，有光泽，果肉全红，质地坚硬，耐远距离运输。果实风味浓，酸甜适度，可溶性固形物含量 9% ~ 12%。丰产性好，一般株产 300g 左右。保护地栽培每亩产 3. 5t，露地栽培每亩产 2. 5t。休眠浅，适宜露地栽培和温室、拱棚促成、半促成栽培。亩栽植 10 000 ~ 11 000株，应注重防治螨类虫害。

（五十六）森加森加拉（Senga Sengana）

别名：森加森加纳、森格森格纳、森嘎那、森嘎。德国品种，20 世纪 80 年代初由农业大学引入我国。植株长势稳健，株态紧凑，叶色深绿，叶片中大肥厚，椭圆形，平展有光泽，花梗较粗，花序较短低于叶面，匍匐茎抽生能力强，匍匐茎粗而节间短，茎稍显红色。果实近球状，果面深红色有光泽，种子分布均匀，平于果面，果肉鲜红多汁，口味甜酸爽口，果汁多，可溶性固性物 7% ~ 9%。果个中大均匀，一级序果平均 16g，最大单果重 25g，亩产 2t 左右，是深加工极佳品种。亩栽植 11 000 ~ 12 000株。

（五十七）达善卡（Darasnca）

法国品种，1993 年引入中国丹东。植株长势稳健紧凑，叶色浓绿，繁殖力强，花序低于叶面，花粉稔性和结实力稍差。果实为圆锥形，果面紫红色，肉质鲜红，口味酸甜，可溶性固形物 7% ~ 9%，硬度较好，果个中大均匀，一级序果平均 25g 左右，最大单果重 32g，亩产 1. 5 ~ 2t，是欧州传统加工品种，适宜露地栽培。亩栽植 11 000株。

（五十八）戈雷拉（Gorella）

该品种系荷兰瓦赫宁根园艺植物育种所育成的品种。生长势强，植株矮小而粗壮，繁殖力强，叶片较厚，椭圆形，深绿色，休眠中深。果实呈短圆锥形，鲜红色，最大果重34g，平均果重15g。果肉橘红色，肉细，髓心小，有空洞，果汁较多，风味甜酸适度，有香味。可溶性固形物10.2%。种子黄色，陷入果面中深。硬度较差，不耐运贮。该品种早熟，较丰产，抗逆性较强，叶斑病少，适宜鲜食或加工。适宜露地栽培，亩栽植9 000～10 000株。

（五十九）安娜

西班牙四季型品种，1999年引入我国。长势中等，株型紧凑，繁殖力中等。果实为长圆锥或宽楔形，颜色亮红，味甜酸，可溶性固形物7%～9%，硬度好，可周年结果。一级序果平均重25g，最大果重超50g，亩产可达1.5t以上，是一年栽植两茬草莓或室内盆栽的理想品种。适宜温室栽植，亩定植10 000株。

（六十）苏珊娜

西班牙四季型品种，1991年引入我国，长势旺健，叶片肥大，有光泽，繁殖力中等，抗病力强，果实短圆锥或宽楔形，果色亮红，口味浓，可溶性固形物7%～9%，可周年开花结果。果实中大，一级序果平均23g，最大单果重50g，亩产1.5～2t，硬度中等，适宜温室或室内盆栽，亩栽植10 000株。

（六十一）达娜（Donner）

美国品种，由Cal145.52×Cal222［（USDA634×Banner）×（Blakemore×Nich Ohmer）］育成，1945年发表。1980年引入我国。果实较大，一、二级序果平均单果重14.1g，最大果重28.5g。果实为圆锥或楔形，果面红色、光泽强、平整或有少量浅棱沟。果肉红色，髓心中等大、稍空、橙红色。果肉细，甜酸适中，香气浓，汁液多。可溶性固形物含量8.8%。耐贮运性好。早中熟品种，果实外观美，品质较优。

（六十二）道格拉斯（Douglas）

美国品种，以（Tioga×Sequoia）×Tufts育成，1979年发表。引入我国后曾在一些地区试栽，但主要作为资源保存。果实较大，为短圆锥形，果形较整齐，果面鲜红色、光泽强、平整。果肉红色，髓心粉白色、心空。肉质细，品质优，酸甜适口，略有香味，汁液多。可溶性固形物含量8.1%，果实硬度0.405kg/cm^2。丰产性中等，平均单株产量78.2g。对萎黄病敏感，对红中柱根腐病高度敏感。中熟品种。

（六十三）高斯克（Governor Simcoe）

加拿大品种。1985年由Holiday×Guardian育成。1990年引入我国。果实较大，一级序果平均果重24.0g，最大果重32.0g。果实呈圆锥形，红色，果面平整，光泽强，果实外观评价好，香味浓，品质优。可溶性固形物含量8.5%，果实硬度为0.56kg/cm^2，极耐贮运，较丰产，一般亩产1 000～1 500kg。适于大棚、小拱棚及露地栽培。植株生长势较强，匍匐茎繁殖力中等。中早熟品种，综合性状好。

（六十四）赛娃（Selva）

美国品种，由CA70.3－177×CA71.98－605育成，1983年发表。1997年引入我国。果实大，平均单果重31.2g，最大果重138.0g。果实呈阔圆锥形，果面鲜红色、光泽较强、果面较平整，有少量棱沟。果肉橙红色，髓心中等大、心空、橙红色。肉质细，甜酸，有香气，汁液多。可溶性固形物含量13.5%。四季品种，产量高。

（六十五）三星（Tristar）

美国品种，由EB18×MDUS4258育成。1981年发表。1982年由引入我国。果实中等偏大，平均单果重11.0～13.0g，最大果重35.0g。果实为圆锥形，果面深红色、光泽中等、较平整，少有棱沟。果肉红色，髓心小、稍空、红色。果肉细韧致密，甜酸适中，味浓，汁中等多。可溶性固形物含量10.6%，品质中等，质地韧，耐贮运性较强。日中性品种，一年中可多次结果。

（六十六）图得拉（Tudla）

别名：吐德拉、图德拉、土特拉、米塞尔。西班牙Planasa种苗公司育成，亲本是派长乐。中早熟品种，植株长势旺健，抗逆性较好，繁苗能力强，耐高温，能多次抽生花序。果实长圆锥形，果色深红亮泽，味酸甜，硬度中等，果个大而均匀。第一级花序果重40g，最大果重98g，亩产2～4t，鲜食加工兼用。适宜温室栽培，亩定植9 000～11 000株。

（六十七）卡尔特一号

别名：C果、玛丽亚。西班牙中熟品种。植株长势强，休眠深，叶片较厚，呈椭圆形，叶缘锯齿浅，浓绿色，繁殖力较弱。果实圆锥形，果面光泽鲜红，肉质淡黄色，味芳香馥郁，可溶性固形物7%～9%，硬度中等。第一级序果重35g左右，最大果重超100g，亩产2t以上，最适宜早春大棚生产，温室生产可在休眠至12月上旬后覆棚膜加温，也可做为露地生产鲜果上市。亩栽植9 000株。

（六十八）艾尔桑塔（Elsanta）

别名：埃尔桑塔。荷兰中熟品种。长势旺健，繁殖力较强，叶片肥厚浓绿，近圆形，叶缘翻卷向上，呈匙状。果实短圆锥形，个大且色艳，有细腻髓肉，可溶性固形物8%左右。味香甜，硬度中等，一级序果平均重38g左右，最大单果重 80g，亩产 2t 以上，适宜早春大棚栽培，亩定植 9 000株。

（六十九）哈尼（Honeoye）

美国中熟品种。1982 年由沈阳农业大学引入我国。株态半开张，株高中等紧凑，叶色浓绿，叶面平展光滑，匍匐茎发生早，繁殖力高，适应性强，抗病能力好。一级序果熟期集中，果个中大均匀，果实圆锥形，果色紫红，肉质鲜红，味酸甜适中，可容性固形物 8% ~10%。硬度较好，耐贮运。亩产 2t 左右，适宜露地生产。是深加工和速冻出口优良品种，亩栽植 11 000株。

（七十）阿尔巴（Alba）

意大利品种，东港市草莓研究所 2008 年引入。长势较强，叶片椭圆狭长，叶柄多茸毛，叶色绿。花序高度低于叶面，花大。果实为圆锥形，有棱沟，果色艳红，果实较整齐。花萼翻卷，果肩稍白，可溶性固形物 8.5%，硬度 0.50kg/cm^2，口味酸甜，畸形果少。最大单果重、平均单果重分别为 65.6g、37.8g，亩产量 3t 左右，对白粉病抗性中等，不抗白粉虱和红蜘蛛。适宜露地和早春大拱棚栽植，亩栽植 8 000 ~9 000株。

（七十一）吉马（Gemma）

东港市草莓研究所 2008 年引入的意大利品种，于 2004—2005 年在意大利生产应用。植株长势中庸，株态直立，叶片长椭圆形，叶色绿，叶柄长，叶片密度小。果实为短圆锥形，果色艳丽，呈橘红色，口味酸甜芳香，果个整齐无畸形果，果面有棱沟。可溶性固形物含量为 8.7%，硬度 0.48kg/cm^2，耐贮运，货架寿命长。最大单果重、平均单位重分别为 38.3g、34.2g，亩产量 3 ~4t。对白粉病、灰霉病抗性中等，不抗白粉虱与红蜘蛛。适宜露地和早春大棚生产。亩栽植 9 000 ~10 000株。

（七十二）坎东嘎（Candonga）

西班牙品种，2008 年东港市草莓研究所从意大利引进。该品种长势旺健，株形紧凑，花量不大，抽生时间集中，果实短圆锥形，果面稍有棱沟，色深红，口味酸甜，硬度好，耐贮运。亩产量 3t 左右，适宜露地生产，也可早春大棚栽植，亩栽植 9 000 ~10 000株。

（七十三）希利亚（Syria）

意大利 1999 年育成品种，2008 年东港市草莓研究所引入，植株长势强健，直立，叶片椭圆形，大而厚，叶色绿。花序分枝从基部抽生，花梗粗，花大。果个大，整齐无畸形果。果实为圆锥形，颜色深红靓丽。可溶性固形物 11.6%，硬度 0.54kg/cm^2，耐包装运输。较抗白粉病、白粉虱和蚜虫。最大单果重和平均单果重为68.9g、39.6g，亩产量3t左右，为鲜食和加工兼用品种，适宜露地栽植和早春大棚、温室生产，亩栽植8 000～9 000株。

（七十四）艾莎（Alsa）

意大利品种，2006—2007年在意大利推广应用。东港市草莓研究所2008年引入。该品种植株长势强，株态直立，叶片为椭圆形，叶色黄绿，叶片较薄多皱褶，叶片密度大，多单枝花序。果实长圆锥形，有髓心，花萼翻卷突出，一级序果楔形多，颜色深红艳丽，果肩稍白。可溶性固形物12.2%，硬度0.49kg/cm^2，口感佳。最大单果重、平均单果重分别为48.6g、36.2g。亩产3t左右。

该品种优质高产，芳香味美，耐包装运输。缺点不抗白粉病、炭疽病、白粉虱和蚜虫。可在露地和早春大棚生产。亩栽植9 000～10 000株。

（七十五）阿尔比（Albion）

美国加州大学1998年育成日中性品种。2007年引入我国。长势旺健，株态直立，叶片椭圆形，较抗炭疽病、黄萎病和疫霉果腐病，果个大，果实圆锥形，深红有光泽，髓心空，平均单果重33g，风味酸甜，质地细腻，硬度好耐贮运，亩产4t以上，为“四季果”习性，适宜生长条件下可全年产果，适宜各种栽培形式。亩栽植8 000株。

（七十六）卡米诺实（Camino Real）

美国加州大学育成的短日照品种，2007年引入我国。该品种株形直立紧凑，较抗病，授粉能力强，对雨水和高低温度等伤害有很强的抵抗力，果实靓丽，呈圆锥形，畸形果率低，平均果重31g，亩产4.5t以上，硬度好，鲜食和加工兼用，耐贮运，适宜温室促成栽培，亩栽植9 000株。

（七十七）温塔娜（Ventana）

美国加州大学育成短日照品种，2007年引入我国。该品种株态直立，长势旺健，叶片厚而深绿，叶鞘淡粉色，抗逆和抗病性强，授粉能力较好，畸形果率低。果实呈圆锥形，果个均匀，平均单果重31g，亩产4t以上。亩栽植8 000株。

第五章
草莓育苗技术

草莓种苗质量的好坏对草莓产量至关重要。1997 年辽宁省东港市椅圈镇一农民从外地“倒弄”几万株“丰香”种苗卖给当地农民繁殖生产，由于是新引进品种，农民大多不熟悉这个品种长势长相，从繁苗到温室生产，辛辛苦苦一整年，到年底才发现草莓叶片小、丛枝多，果实像玻璃球似的，最大只有“拇指盖”大，并且又软又酸，根本不能出售，十几户农民毁地绝收，损失惨重。2001 年东港市以及外地的一些农民听信广告宣传，购买了一些“新品种”“组培苗”，结果品种混杂率高达 30% 以上，有的根本就不是要买的品种，几百户农民苦不堪言，这是这些农民受了品种纯度之害。2000 年东港市前阳镇上川村的几十亩“哈尼”草莓出现 20% 之多的“空墩”“公子”草莓，只长叶不开花，结果的草莓也是萎黄瘦弱，花果稀疏，这是连续 6 ~ 7 年不换苗、不利用脱毒组培苗而出现大面积芽线虫、黄萎病的现象。所以，必需严格草莓育苗规范技术，生产应用纯度高、无病虫害、苗体素质好的种苗，才能保证品种的增产效益。

一、脱毒组培苗工厂化繁苗

据国内外研究报告，现已发现的草莓病毒有 27 种，我国目前已发现至少四种草莓病毒，已普遍感染和严重影响我国草莓产量和品质的提高。人为脱除草莓病毒育苗技术的应用，是目前国际上解决草莓病毒问题的主要手段。无病毒苗比带有病毒的种苗可以增产 20% ~ 30%，甚至可成倍增产，并且能明显改善品质，提高草莓商品价值。草莓脱除病毒的方法有花药培养、热处理、微茎尖组织培养等多种技术，这里只介绍国际上普遍应用的微茎尖脱毒组织培养技术，并细述草莓茎尖组织培养脱毒技术操作。

近几年，草莓在我国的发展速度很快，到 2014 年，我国草莓生产面积已经突破 210 万亩，成为世界上草莓生产面积最大的国家。在自然界中，草莓属中的所有草莓种都非常容易感染病毒，无论是野生种还是我们生产中使用的栽培种。因此，在草莓生产中，病毒病的发生很普遍。

得了病毒病，草莓植株轻的会生长势减弱、成熟期推迟、结果数量减少、果实变小，重的会出现叶片皱缩、果实畸形、植株矮化等，造成大幅度减产和果品质量下降。草莓病毒病的发生主要是由于种苗自身带有较多的病毒引起。目前，生产上，对草莓病毒病没有特别有效的防治药剂，唯一的解决办法就是对种苗进行脱毒。

目前，我国普遍使用的草莓脱毒技术是草莓茎尖组织培养脱毒，因此本书详细叙述脱毒苗生产繁育技术。

（一）草莓病毒及脱毒的理论知识

1. 我国草莓病毒的种类

在我国，危害草莓的病毒主要有四种，草莓斑驳病毒、轻型黄边病毒、草莓镶脉病毒、草莓皱缩病毒。

2. 草莓病毒的特点及危害方式

这些病毒的共同特点是体积极其微小，需要在电子显微镜下，放大几万倍才能看到，结构也极其简单，没有细胞，只有一个蛋白质外壳和一条用来复制，也可以说是繁殖自己的遗传密码链。危害方式是没有寄生对象时处于休眠状态，一旦侵染了草莓植株后，就寄生到活细胞中，同时，利用细胞内的营养物质进行自我复制或繁殖，如果环境条件适合，如遇到高温、干旱等，还会加快复制速度，病毒数量就会急剧增加，从而大量消耗细胞内的营养物质，使细胞本身因为缺乏营养，生长、发育不良甚至产生病变。在草莓植株上表现出我们能看到的生长缓慢、矮化、畸形、缺绿等症状，因此，有“植物癌症”之称。

3. 草莓病毒在植株体内的分布特点

病毒侵染了草莓植株以后，在植株体内传播、扩散的速度很快，从叶、到花、到茎、到果实，但在不同的器官、不同的部位，病毒数量分布并不均匀，像根尖、茎尖 0.1～0.3mm 部位的分生组织中一般不感染或很少感染病毒，这是因为茎尖这部分分生组织中细胞间连丝发育不全或太细，病毒无法通过它进行扩散。因此，采集茎尖的这部分组织就可以获得无病毒的培养材料。在生产中为了便于操作和规模化生产，通常采用茎尖。

4. 草莓茎尖能变成植株的原理

有了无病毒的茎尖，可让茎尖变成有根有叶的完整植株，这其中的原理是由于细胞都具有全能性和可再生性。

细胞具有全能性：全能性是指植物的每一个细胞都含有完整的遗传信息，都有可能发展成完全的植物。也就是说，在植株上，茎细胞只表现茎的形态，花细胞只表现花的形态，但当它们脱离这些部位时，在一定的营养、激素和外界条件作用下，就可能表现出全能性，发展成根、茎、叶、花、果实都有的完整植株。

植物的可再生性：再生性指的是从植株上分离下来的根、茎、叶等单独器官，经过培养，可以重新长成完整的植株。

根据中国农业科学院果树研究所的调查结果：与普通草莓苗相比，无病毒的草莓苗植株生长量增加 12% ~40%；单株结果数增加 9% ~19%；单果重增加 1% ~24%、亩产量增加 21% ~55%；可溶性固形物增加 4% ~8%；同时抗病性增强、畸形果率降低、含糖量和含酸量也明显增加、风味更好。

筹建草莓种苗脱毒组培工厂应具备较强的专业技术力量和生产科研基础条件，具有生产草莓种苗的资质许可条件与技术推广服务职责、义务。工厂设备设施条件除了设有接种、消毒、试管培养、原种苗驯化和原种苗扩繁条件外，还应有检验、检测、试验、示范等配套生产条件。

（二）草莓脱毒苗的培育技术

草莓脱毒苗的培育主要分以下几个过程，茎尖脱毒——培养原原种苗——繁殖原种苗——繁殖良种生产苗，这些过程分别在组培室、温室和种苗生产基地完成。

1. 设施要求

组培室要求：在组培室内完成茎尖脱毒和原种原苗培养，组培室要求设置在没有污染源、空气流通、光线好的地方，并且要和周围的环境隔离开来，组培室包括两个大的独立区域，准备区和培养区，准备区主要进行培养前准备工作，在准备区内包括分析室和准备室，分析室主要是进行药品配置和存备的地方，要配置工作操作台，分析天平、恒温箱、冰箱等实验室设备；准备室主要是进行茎尖材料的清洗处理、制做培养基等工作，需要配置培养瓶存放架、操作台、高压灭菌器、电热炉、清洗水池等；培养区是进行茎尖接种（读重音）培养的地方，分为接种室和培养室，接种室内要配备无菌操作工作台、酒精灯、材料盘、镊子、医用剪刀、长把解剖刀、无菌水、汞液、75%酒精等，在室内屋顶要装有紫外线杀菌灯；在培养室内要配有 2 000 ~3 000lx 光照强度的电光培养架若干个，温度控制设备（空调），湿度控制设备，室温应可以在 20 ~30℃进行调节。

温室要求：在温室内，主要完成原原种苗的驯化，使原原种苗能够适应外界环境，也叫原原种圃，要求远离草莓生产区，从未种过草莓，温室要配有防虫网，浇水、保温等必备的生产设施。

种苗生产基地要求：种苗生产基地主要是为了扩繁种苗，迅速增加用于生产的草莓苗数量，一般为露地。要求土壤肥沃、疏松、排灌条件好、远离草莓生产区 500m 以上，前茬没有种过草莓，最好是微酸性肥沃砂壤土。

2. 茎尖脱毒

茎尖脱毒是成功培育草莓脱毒苗的关键。包括制做培养基、田间选取茎尖及茎尖处理、接种。

配制培养基：培养基相当于为茎尖的生长发育提供营养的栽培床，培养茎尖的培养基也叫初代培养基，主要是诱导茎尖形成愈伤组织、分化出茎叶。

初代培养基制作：初代培养基是以 MS 培养基成份为基础，每升再添加下面几种成份：细胞激动素（BA）1.0mg；吲哚丁酸（IBA）0.1 ~ 0.2mg；赤霉素（GA）0.1 ~0.2mg；蔗糖 30g；琼脂 5 ~ 7g；MS 培养基是目前植物组织培养使用最普遍的培养基。具有较高的无机盐浓度，能够保证组织生长所需的矿质营养还能加速愈伤组织的生长。每升 MS 培养基需要的营养元素分别为：大量元素：硝酸铵 1 650mg；硝酸钾 1 900mg；磷酸二氢钾 170；氯化钙 440mg；硫酸镁 370mg；硫酸锰 223mg；碘化钾 0.83mg；硼酸 6.2mg；微量元素：硫酸锌 8.6mg；硫酸铜 0.025mg；氯化钴 0.025mg；钼酸钠 0.25mg；铁盐：乙二胺四乙酸二钠 37.3mg；硫酸亚铁 27.8mg；肌醇 100mg；烟酸 0.5mg；甘氨酸 2mg；有机成分：盐酸吡哚醇维生素 B6 0.5mg；盐酸磺胺素维生素 B1 0.1mg；烟酸维生素 B5 0.5mg；蔗糖 342.31g。将上述药品称好后用温热的蒸馏水溶解备用，也可以将性质相同的溶液混合在一起定容配成母液，这样使用起来较方便。在锅中加入 10L 的水，打开电炉，将水加热，先倒入按比例称好的琼脂，不断搅拌均匀，烧开后加入蔗糖，不断搅拌直到完全溶解，然后将配好的各种成份液加入，搅拌均匀，这时的溶液偏酸，加入几滴氢氧化钠溶液，将 pH 值调到 6.5 ~ 7，关掉火力，搅匀后迅速装入容量为 200ml 的培养瓶。每瓶装 20 ~ 30ml，然后用聚丙烯塑料膜将瓶口封严，装入高压高温灭菌锅内用 120℃ 的高温、0.12MPa 的高压灭菌 15 分钟，灭菌后取出，冷却凝固后即可接种。

品种选择：日光温室目前适宜品种红颜、章姬、枥乙女、丰香、幸香、甜查理、鬼怒甘、宝交早生以及秀丽、天香、宁玉等。早春大棚：目前适宜品种为卡尔特一号、达赛莱克特、艾尔桑塔等。露地生产（加工型）：目前适宜品种为哈尼、森嘎那、卡麦罗莎、达赛莱克特、常得乐、达善卡等。

茎尖选取的时间：茎尖通常选用草莓匍匐茎上的茎尖，选取茎尖应在匍匐茎的旺盛分生期，一般在 10 月以后，5 月以前，夏季高温、潮湿，茎尖容易感染病菌，接种后不容易成活，不适宜开展这项工作；选取的时间最好在晴天的中午进行。

茎尖选取的地点：茎尖的选取地点应在长势良好、没有病虫害的生产田中进行，不要选择种苗繁殖田。

茎尖选择方法：选取茎尖时，先看植株进行株选，选长势健壮、结果多、果形大并具有品种典型性状的植株，再看匍匐茎进行匍匐茎选择，匍匐茎要选粗壮、茎尖叶片没有完全展开的匍匐茎，一般要求匍匐茎的茎粗在 2～4mm，选好的匍匐茎剪取前端有芽段 4～5cm，放到可漏水的小筐中先用洗洁精水清洗，清洗过程中轻轻揉搓，然后用自来水冲洗 15～30 分钟。

3. 接种

杀菌消毒：杀菌消毒是保证茎尖成活的关键，如果茎尖被细菌或真菌污染，就会霉变、腐烂，无法产生分生组织，从而导致接种失败。因此，在接种时要求达到无菌的工作环境。具体操作如下：接种前，先将接种室内的紫外线杀菌灯打开，同时将超净工作台上紫外线杀菌灯也打开，进行空间消毒，消毒时间 30～40 分钟，紫外线消毒时操作人员要离开，避免受到辐射伤害。然后，操作人员用 75% 的酒精棉对操作台面进行彻底的洁净消毒，同时将手擦一遍。紧接着，再对茎尖进行杀菌消毒处理：将清洗好的茎尖倒入无菌瓶中，加 75% 的酒精浸泡杀菌 1 分钟，倒出酒精，再加入 0.1% 的升汞溶液浸泡 3～7 分钟，将升汞溶液倒出后，用无菌水反复冲洗 3～5 次，再用无菌水浸泡 5 分钟，将水倒出，然后将瓶口对着操作人员平放，这样做主要是为了降低瓶口的位置，尽量减少茎尖受到杂菌污染的机会。接着，将酒精灯点着，用镊子将在 75% 酒精溶液中浸泡的酒精棉夹出，点着，快速擦拭所有的接种用具，进行高温杀菌、消毒，并将周围的工作台面也进行擦拭消毒，为保证消毒彻底，要反复多擦几遍。最后，再将镊子、解剖刀的使用部分，在酒精灯上火烧消毒，紧接着，用镊子取出茎尖，将茎尖外面的苞叶一层一层的拨开，等露出茎尖时，用解剖刀的尖部将大小在 0.2～0.3mm 的茎尖小心剥出，迅速的平放到培养瓶中的培养基上，一个培养瓶中可以接种 4～5 个茎尖，然后，马上将瓶口盖上，并写上日期和品种。

（三）培育原原种苗

初代培养：将接种好的茎尖放在温度 20～25℃，光照 2 000～3 000lx 的环境中进行培养，我们把对茎尖的培养称做初代培养。在初代培养过程中，每天要保证开灯照光 14～16 小时，温度高低范围和光照强度一直保持不变。前 20～30 天，茎尖先产生愈伤组织，然后开始分化新芽，以后，新芽的数量不断增加，形成小芽丛。再经过 30 天的生长，芽丛长出茎叶，并长成茂密的叶丛。在初代培养过程中，存在的主要问题就是杂菌污染，要将这些被杂菌污染的培养瓶及时挑出淘汰。初代培养出的小苗就叫初代苗，初代苗只有茎叶、没有根。一般情况下，初代培养60天，初代苗长到3～5cm时，可以转瓶继代培养。

继代培养：转瓶后的培养叫继代培养，继代培养也叫增殖培养，主要是为了增加繁殖数量。继代培养需要更换培养基，在MS培养基的基础上，附加BA 0.3～0.5mg/L，IBA 0.1mg/L，GA 0.1mg/L，蔗糖30g/L，琼脂5～7g/L，与初代培养基相比，降低了细胞激动素、细胞分裂素、赤霉素的含量。继代转瓶接种时，消毒方法和接种时的消毒方法一样。打开培养瓶，用镊子将小苗株丛轻轻夹出，用剪刀将小苗的叶丛剪去，只留大约0.5cm长的叶柄，然后将单株分开，将叶柄朝上放到继代培养基上，每瓶放4～5个，将瓶口封住放到培养室中进行培养，继代培养的温度、光照及其他管理要求和初代培养一样。在继代培养过程中，茎基部不断分生，一个接种部位最后形成4～6个小芽丛并可以长成4～6个小苗，经过20～30天的培养，当这些小苗长成3～5cm高的叶丛时，又可以再进行转瓶增殖，以后，每20～30天就可以转瓶一次，一般可以转接4～5次，每转接一次，小苗的数量可增加4～6倍。继代培养的苗叫继代苗，继代苗一般也没有根。

生根培养：完成了增殖数量的需要，就可以进行生根培养。生根培养的目的就是促进继代苗萌发出根系，长成根、茎、叶都有的完整苗。也需要更换培养基，在MS培养基的基础上，要添加IBA0.2～0.3mg/L，蔗糖15～20g/L，琼脂5～7g/L，活性炭3g/L。可以看出，生根培养基中去掉了细胞激动素（6BA）赤霉素（GA），同时，降低了蔗糖的含量。在生根培养基中，也可以加入适量碳黑造成根系避光环境，生根效果会更好。培养过程中的温度、光照及其他管理要求可以参照前面讲到的初代培养和继代培养。多数品种经过15～20天，就可生出4～5条优质新根，生根率可达100%。这时脱毒原原种苗就培育好了，可以移栽到温室中进行驯化培养。用镊子将小苗从瓶中取出，去掉培养基，挑出有根的，没根的继续放入瓶中培养。原原种苗是不能直接用于生产的，因为在组培过程中培养基中加入了多种激素，这些激素会使个别植株产生变异，容易给生产造成损失，所以必须还要经过驯化培养。

（四）原原种苗的驯化

在驯化过程中，所有的生产措施都要围绕着保证草莓植株不感染病毒开展。

移栽：移栽一般选用72孔或50孔的穴盘进行，必须做到专用，营养土要用病菌含量少的山土加草炭，同时用氯化苦等土壤消毒剂杀菌消毒处理，然后装盘，用木板刮平，用70%百菌清600倍液浇透水。用镊子将根捋顺，顺插入泥中，然后，再浇一次水，用塑料膜覆盖。

管理：移栽后的温度要求控制在15～20℃，相对湿度前5～7天保持在80%，以后降到50%，经过两个星期的时间，就可以逐步撤去塑料覆盖了。在驯化的生长期间，温室内的温度要求始终控制在15～20℃，穴盘土要始终保持湿润，一般1～2天喷水一次；注意防虫、防病，及时拔除杂草；每隔10天喷施一次吡虫啉防治蚜虫等传播病毒的害虫，每隔20天喷施一次多菌灵等防治白粉病等真菌病害。当小苗长出3～5片新叶后可以移栽到露地育苗田。优质的原原种苗标准是：植株健壮，3～5片真叶，叶色浓绿、叶片肥厚、心茎粗壮，根系发达，无病虫害。

（五）繁殖原种苗

由原原种苗繁殖生产出来的土繁第一代草莓苗，叫原种苗。原种苗一般是在露地进行生产。

移栽的时间：移栽的时间一般是在春季，白天气温要稳定达到10℃左右。在生产过程中，草莓很容易感染病毒，从而降低草莓脱毒苗的脱毒效果，因此，除了做好繁殖工作外，最重要的任务就是防治病毒感染。

地块选择：首先，要选好地块，在地块选择上，要严格按照草莓种苗田地块选择标准进行，地块5年内没种过草莓，前茬尽量不要选择菜园地；远离草莓生产区500m以上；四周100m的范围内避免种植容易滋生蚜虫的作物，象番茄、瓜类作物等；

蚜虫防治：其次，在生产过程中要做好良种苗生产田和生产田四周的蚜虫防治工作，蚜虫是草莓病毒病的主要传播媒介，蚜虫的防治要及早预防、定期喷药防治，一般定植缓苗后就可以进行第一次药剂防治，以后每隔半个月防治一次，防治药剂可用吡虫啉或乐果等，按产品说明书配液喷施，良种田不以采收果实为目的，所以，可以采用这种比较过度的防治措施。

农事操作：管理人员在草莓田间从事疏花疏果、整枝、打叶等项工作时，也容易传播病毒，所以，苗田管理人员应避免在生产田和苗田之间穿插劳动。为了提高脱毒原种苗的繁殖率，生产出优质的种苗，我们还要注意以下几个生产环节。

定植：每亩定植的株数因品种而异，繁殖率高的品种母株栽少点，繁殖率低的品种栽多点，地力好的地块栽少点，地力差的地块栽多点。一般行距1.6m，株距0.5～0.8m，栽植深度要求浇水后深不埋心，浅不露根。

赤霉素处理：定植半个月左右，为了控制花芽的分化和生长，促进植株茎叶生长，早抽生、多抽生匍匐茎，要进行赤霉素处理，喷施浓度一般为每升水对50ml，要对着新叶喷施，每株喷5～10ml，一般品种喷施一次就可以了，对于匍匐茎萌发数量较少的品种可间隔7～10天再喷施一次。以后还要及时摘掉花果、进一步促进多萌发匍匐茎。

植株引蔓整理：在我国北方地区，5月中、下旬开始萌发匍匐茎，当匍匐茎都抽生出来以后，要及时进行引蔓整理，使其分布均匀，避免匍匐茎缠绕在一起；当匍匐茎长到一定长度并开始出现幼苗时，要用潮土将幼苗基部的匍匐茎茎节压住，以促进幼苗生根。引蔓压土应随着幼苗的发生经常进行。

越冬管理：原种苗要经历越冬，在冬季要用塑料进行覆盖，以免冻伤根茎部，影响第二年春季发棵。第二年春季，随着温度的上升，草莓苗开始返青、萌发出新叶，去年的一株原原种苗，经过一年的生长，繁殖出30～60株的脱毒原种苗，当达到4叶一心就可以出圃了。

原种苗标准：好的原种苗标准：四叶一心，根系发达、心茎粗壮。用原种苗繁殖出的下一代种苗就是良种生产苗。

二、繁殖良种苗

良种苗就是直接用于草莓生产的种苗。良种苗的生产要求主要是防病毒感染、有效防治病虫害、增加繁殖系数。与原种苗不同的是在当年的夏、秋季节可以根据生产栽培时间的需要分别出圃，满足生产的需要。

只有采用科学栽培管理技术，才能生产出质量良好的种苗。

（一）整地施肥

苗圃应选在两年内未栽植过草莓的田块，土面平整、土质疏松、有机质含量丰富、排灌方便、光照良好的地块上。草莓为喜肥作物，每亩施3t以上有机肥、磷酸二铵20kg及硫酸钾15kg，铺撒均匀，施肥后深翻土地，打垅作床。垅宽1.5m，垅面要平整，以便灌水。栽植前土壤要适当压实，以防栽植后浇水时幼苗在土壤中深浅不一或露根，影响苗的成活率。

（二）秧苗栽植

原种苗苗体质量的好坏不仅影响秧苗的成活和长势，而且对繁殖良种苗的多少起着重要作用，所以应选择品种优良、纯正、无病虫害的优质原种苗作母本。外观形态要求秧苗矮壮、茎粗、根系完整，有较多的新根。草莓繁殖田的栽植时期一般在3月中下旬至4月上旬，土壤化冻后进行，此时草莓苗的生理活动正处在由休眠进入萌动期，未进入旺盛活动期，这时移栽成活率和繁苗系数高。根据品种分枝能力强弱的不同，栽植密度应保证每株原种母苗有 0.8～$1m^2$ 的繁殖面积。种苗可栽植在大垅中间，也可栽植在大垅一侧，栽植的株行距应根据垅面宽度而定。1m 宽的垅面，株距为 50cm；1.5m 宽的垅面，株距 30～40cm，每亩栽植 700～1 500株（每亩定植的株数因品种而异，繁殖率高的品种母株栽少点，繁殖率低的品种栽多点，地力好的地块栽少点，地力差的地块栽多点）。

提高栽植成活率是培育草莓苗的关键，一定要注意栽植深度和缓苗期水分的管理。栽植过深，埋住苗心，不易发苗，且易引起腐烂；栽植过浅，则新茎外露，易引起秧苗干枯，不易成活。理想的栽植深度要使苗心不高于地表，即做到深不埋心，浅不露根。在栽植时应使根系舒展，不要团在一起，以利于根部生长发育。露地栽植后每天浇水 3～5 次，直至缓苗后浇水次数方可减少。春季如能采用拱棚保护地栽培，因增温保墒条件好，又能减少自然气候剧变的危害，可大大提高成活率。但要注意保持棚内有足够的水分和做到及时放风，防止干旱和高温烤苗。

近几年农民用地膜前期覆盖效果很好，即栽后灌一次透水，干土培窝，然后覆盖地膜，扒眼提出秧苗，压实膜孔，即保墒又提高地温，促进生根和抽生匍匐茎。但一定要在抽生匍匐茎后及时揭掉地膜，避免茎尖灼烧，保证新苗根须落地。

（三）田间管理

6 月以前土壤容易干旱，应根据情况决定灌水的时间和次数。雨季到来后，要注意排水防涝。在生育期间进行多次中耕除草，使土壤保持疏松，待发生匍匐茎后可不再中耕，但应及时除去杂草。6—7 月在大量匍匐茎发生及匍匐茎苗生根后，可撒施一次尿素，每亩 5～10kg，以促秧苗生长。7 月下旬后控制施用氮肥，否则营养生长过旺，会推迟花芽分化。有条件的地方可采用叶面喷肥，每隔 12 天左右喷 1 次 0.5% 的尿素或 0.5% 磷酸二氢钾。

当新栽的秧苗长出新叶后，应及时摘除干枯的老叶，以防止老叶消耗营养，也利于通风透光。春季栽植的草莓，在新茎长出 3 片叶后而第四片叶尚未完全长出时，花序就在第四片叶的托叶鞘内显露，随后进入开花结果期，植株生长重心也由营养生长转向生殖生长，如不尽早摘去花蕾则会消耗养分，影响匍匐茎的发生及小苗的形成。匍匐茎伸出长至一定长度，出现幼苗时，将其伸直摆正，用土压住幼苗基部，以利于发根，提高幼苗繁殖系数。因为草莓母株上的匍匐茎是逐渐发生的，所以压茎和引茎工作要进行多次。但后期发生的匍匐茎生长期短，生长弱，应加以控制，以便集中养分供前期幼苗的生长。每亩地繁苗量应控制在 5

万株以下为好。

在母株生长前期，可喷 50～100mg/kg 的赤霉素 1 次或 2 次，以促使母株旺盛生长，早生多生匍匐茎，提高秧苗产量和质量。

（四）病虫害防治

早春时节应重点防治蛴螬、小地老虎、蝼蛄、金龟类、蝽类虫害，种苗旺盛生长期的 7—8 月恰逢高温多湿天气，这期间要注重防治草莓炭疽病和各种叶斑病、青枯病等。如遇夏季干旱少雨的反常天气，还应特别注意防治草莓苗期白粉病。

三、营养钵繁苗

营养钵育苗是日本普遍应用的育苗方法，在我国多用于繁殖新优稀缺品种，特别适宜于温室育苗生产。营养钵育苗就是把匍匐苗压在盛有营养土的塑料钵里单独培育，形成优质壮苗并带土定植到生产田。它的优点是育成的种苗根系发达，根茎粗，花芽分化早，栽植成活率高，果实成熟早，并且能减少土传病虫和田间杂草的危害，起到壮苗促高产的作用。

营养钵可用塑料、陶瓷等材料的花盆，口径 10～15cm，高 10cm。盆内装营养土，营养土用无病虫害的园土或大田土、少量有机肥混拌细河沙而成，也可在每盆内混施 1g 磷酸二铵、0.5g 硫酸钾补充肥效。当匍匐茎大量发生期，将营养钵埋在母株周围，在不切断匍匐茎的情况下，把匍匐茎苗压栽在营养钵中。当钵苗延伸匍匐茎发育出新的匍匐茎苗时再压栽到另一个营养钵中，不断地引领压栽，扩大育苗数量。一般采用一钵一苗，当子苗发育到 3 片叶以上、5cm 根须 5 条以上时，可切断匍匐茎，移走营养钵另外集中管理。还可以在 7 月中旬至 8 月中旬集中移走钵苗，将营养钵排放在另外的苗床内，紧密排好，进行培育，相当于假植圃育苗。

营养钵育苗生长前期追肥不宜过早，应视缺肥症状按需施肥，可以在草莓苗生长旺期隔 7～10 天喷施一次 500 倍液氮素肥料，连续 4 次或 5 次。花芽分化较早的品种，8 月中旬要停止追施氮肥，花芽分化晚的品种，可在 8 月下旬停止施氮肥。确认花芽分化后，要及时施用稀释的速效氮磷钾复合肥的水溶液，花芽分化后缺肥会影响花芽的发育，延迟采收期，降低产量。

营养钵育苗的水分管理非常重要，除雨季外，基本上要天天浇水，保持营养土湿度。为减少钵内营养土失水量，便于管理和保证种苗光照条件，可做 50～70cm 宽畦床，营养钵摆好后，畦床四周用土培至营养钵高度为好。露地营养钵育苗应在 7—8 月搭上遮阴网，用作防止暴雨冲失营养土、降低暑阳灼苗，冬季温室扩繁种苗时要随时摘除花蕾，促使抽生匍匐茎。

四、假植育苗

假植育苗是促成栽培中培育壮苗、提前和充分花芽分化、提高并延长结果上市时间和增加产量的一项有效措施。假植苗培育时间在丹东地区从 8 月中旬开始，即在温室定植的前 50 天（比非假植苗延迟 10 ~ 15 天）。将繁殖圃内母株的匍匐茎子苗挖出，最好带土挖出，移植到 90 ~ 100cm 宽的田畦中，株行距 12cm × 12cm 左右，相对小株形品种杜克拉、图得拉、甜查利、幸香等可密些，而红颜、丰香、枥乙女、章姬等大株型品种可疏些。假植苗畦应平整疏松，有机质含量高，排灌水方便。栽植时要按子苗大小分类假植，便于田间管理。切忌栽苗过深，齐心芽低于土面避免芽腐病发生。假植后要灌透水，尽量减轻缓苗，此期间正处高温天气，栽后几天应遮阴防晒，待缓过苗后撤除遮阴物。

假植苗要精心管理，及时松土除草和水肥管理，随时摘除枯叶、病叶，缓苗后可结合灌水追施速效复合肥一次，复合肥水灌比例在 3‰ ~ 5‰。后期也就是在温室定植的前 20 天后应只追施磷钾速效肥，不追施氮肥并适量减少灌水，以利于假植苗花芽分化和形成健壮苗。假植苗在移植温室前已完成第一茬花果的花芽分化过程，移植到温室应带土移栽更方便，更能减轻缓苗增加产量。

五、高山育苗

普通草莓花芽分化过程需要相对低温和短日照条件，否则花芽分化少而不饱满，营养生长与生殖生长失调。我国南方往往受到气候条件的限制，草莓育苗花芽分化效果差，种苗栽植后容易出现开花早而花量少、花果连续抽生能力差、果实采收断档时间长的问题。而北方高海拔地区夏季气温低，气候条件有利于草莓繁殖种苗生长发育，种苗根系发达、花芽分化数量多并且饱满，连续开花结果能力强，种苗素质好，产量相对较高。

高山育种就是在海拔 800m 以上或北方纬度适宜地区繁育种苗，将生长发育健壮的种苗适时下山或运往南方栽植，以获取得更好收成。

苗圃地要选择通透性好、土壤肥力高、排灌水方便并且两年内没种植草莓的田块，育苗栽植时间在育苗地气温稳定在 10℃ 以上时进行，可以结合地膜小拱棚技术提高栽植，这样可以增加繁苗系数。

种苗地应施足底肥，一般亩施 4 000kg 发酵彻底的优质农家肥，亩施 30kg 磷酸二铵和 15kg 硫酸钾，底肥随翻耙地全层施用到 40cm 深土层中。应大垅面小株距栽植，山坡地可以将母株定植到垅面偏下方，平肥土地可栽植在垅面中间，结合摘花和中耕除草，人工领引匍匐茎苗均匀分布垅面。栽植密度依土地和品种而异，地力较差的田块和繁殖系数低的品种密些，而地力肥沃和繁殖系数高的品种可以稀些。栽植管理要求如前所述，但更应严格种苗出圃质量标准，保证大壮苗用于生产。

另外，高山育苗大都是远距离异地进行，要在起运苗时避免运贮过程风干和“上热”应采用低温冷藏和低温多件运输，保证种苗安全到达生产田和及时栽植。

第六章 草莓栽培技术

随着农村经济体制的改革，我国草莓生产已从原来的自种自食零星生产发展到目前的商品化大面积生产，特别是已经形成产业优势的地区，在持续高效发展草莓生产时，尤需注意草莓的规划发展，注重这一优势种植业的规模效益。

一是保证数量规模。“物以稀为贵”、“酒香不怕巷子深”的传统理念对如今的商品草莓生产已不再适用。草莓销售市场的拓宽、草莓经纪人的参与、加工企业的批量定单等，都要求草莓生产在一定的区域内形成数量规模，形成生产基地知名度，吸引草莓商贩和其他客户登门购销，保证流通数量。温室、早春大拱棚草莓多为鲜果上市，一个村屯草莓在采收上市期，每日应有 1 ~ 2t 以上的产量才有利于经纪人的“走车”，而露地草莓多是深加工品种，种植面积达到30 亩以上才方便加工厂收购装运。

二是注意栽培形式规模。不同栽培形式的草莓上市时间不同，需求的市场不同，草莓生产规划要考虑生产条件、定单合同、市场流向等确定何种栽培形式，不管是发展一种还是多种栽培形式，只有在果实采收期，一种栽培形式的草莓满足市场流通量才能造成促销提价的“坐地优势”。

三是要求品种规模。品种之间果实的果形、色泽、硬度、果个大小及上市时间各异，市场去向、包装要求也不尽相同，所以，搞好品种布局形成品种规模也是取得规模效益的重要条件。

四是提高技术含量规模。在实行统一品种、统一栽培形式的前提下，普及应用先进的实用技术，指导农民生产出应时的批量的高品质果品，帮助广农民共同丰产丰收，带动一方经济持续发展。

草莓栽培形式有露地、温室、早春大棚、盆栽、桶栽、石垣栽植、冷贮苗需时栽植等，这里重点介绍我国北方广泛利用的露地、日光温室、早春大棚 3 种栽植形式和简介应用前景看好的抑制栽技术要点及关键技术。

一、露地栽培

露地生产草莓投入少，管理方便，是深加工和城市近郊鲜果上市的主要生产形式。

（一）选地

凡物候期日照充足、雨量充沛或有灌水条件且空气相对湿度60%～80%之间的地区均可种植草莓，应选择通透性好、地势平坦肥沃、灌排水方便的壤土或沙壤土，前茬应避开茄科作物，土壤pH值5.5～6.5为宜。应交通便利，加工生产基地尽量靠近加工厂。

（二）品种选择

鲜果上市选用女峰、幸香、卡尔特一号、宝交早生、艾尔桑塔等品种，深加工选择哈尼、森嘎那、达赛莱克特、达善卡、常得乐等品种。

（三）定植

露地草莓一般在草莓花芽分化前定植。丹东地区为8月初至8月中旬期间。定植前耕翻土壤30～40cm，结合耕翻全层施用优质腐熟农家肥每亩3～5t，切忌施用未经腐熟的畜禽粪肥，否则粪肥在土中发酵上热而伤害草莓根系，造成死苗。可用草莓专用复合肥或磷酸二铵40kg做口肥。提倡起大垄双行一年一栽植，大垄距80～100cm，小行距25～30cm，垄高依土壤旱涝情况15～25cm，密度要根据地力和品种决定，沃土和繁茂品种宜稀些，反之宜密些。栽植时将种苗弓背（花序着生方向）朝向垄沟方向，有利于花果管理、花果接受阳光增色膨大和减少病虫害。栽苗深度为上不埋心、下不露根。

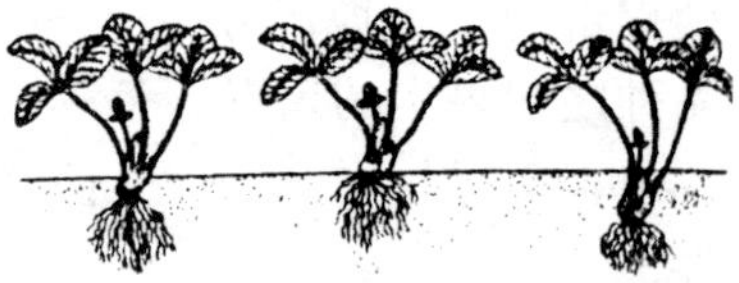

图6－1　草莓栽植深度

（四）田间管理

一年一栽植的露地草莓只要施足了底肥一般不提倡根下追肥，可以在缓过苗和翌年花蕾期各喷施一遍高效液体复合肥。

草莓吸水量较多，土壤湿度以“手握成团，随手落到地面散开”为宜，手握不成团为缺水，随手落到地面不散或仍成黏块为偏涝。在栽植后和翌年果实膨

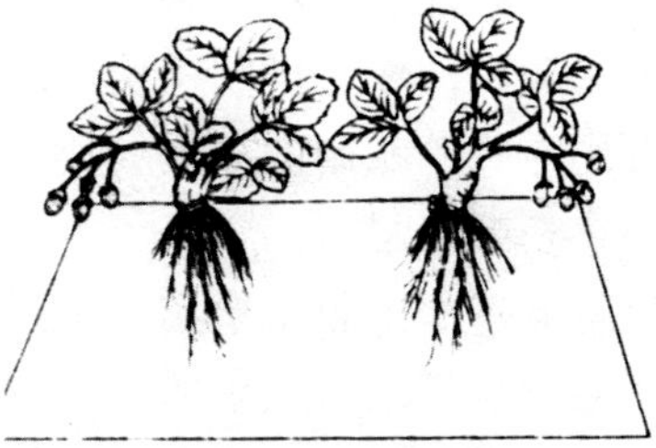

图 6－2 草莓定向栽植

大期尤需保证水份供给。灌水时以小行距中间滴灌、小沟灌最好，也可隔沟、隔次大垄沟漫灌。

草莓定植缓苗后要及时中耕松土除草，但要注意不伤害草莓根须和保持起垅的高度和形状不变。翌年春天用小锄头与手拔草结合耕作，避免伤根。

草莓的植株管理主要是叶、匍匐茎和花果管理。应在草莓整个生育期内及时摘除病、老、残叶和后期发生的匍匐茎，防止养分散失和病虫害蔓延。

草莓虽然是比较抗病抗虫、适应性强、耐粗放栽培的作物，但病虫然害仍需加强防治。在生产上要通过选择抗病虫品种、利用脱毒组培苗、土壤轮作倒茬、土壤消毒、合理密植、合理肥水以及药物施用等措施达到综合防治目的。

草莓越冬管理的主要目的是防寒和促使翌年春季早萌动，可在入冬之前草莓进入休眠时灌一次透水然后覆盖地膜，还可增加秫秸风障和地膜之上再盖秸草等防寒措施。春天气温回升至日平均气温高于0℃时，撤除田间防寒物，在丹东地区草莓萌动后应揭除地膜，因为保留地膜可能促使草莓提前现蕾开花而遇到晚霜受冻害，造成畸形果、减产的损失。

（五）果实采收上市

草莓果实常接触地面，所以，成熟后要及时采收，采收过晚，果实很容易腐烂，造成不应有的损失。草莓的采收期因栽培形式不同有很大差异，露地栽培采收期在 5 月上中旬至 6 月上旬；促成栽培为 12 月中下旬至 3 月上旬；半促成栽培为 3 月上旬至 4 月下旬；而延后抑制栽培的采收期多在 8 月下旬至 11 月。适宜采收的成熟度要根据品种、用途和运输距离等条件综合考虑。草莓用于鲜销鲜食时，运输距离短的可在果面着色 90%～95% 时采收；运输距离远而又无法进行预冷处理的，果面着色 80% 时即可采摘。但硬肉型品种，如全明星、杜克拉、图得拉和哈尼等，以果实接近全红时采收才能达到该品种应有的品质和风味，同时也不影响贮运。供加工果酒、果汁、饮料、果酱、果冻的，要求果实全熟时采收，以提高果实的糖分、香味和出汁率；供制罐头产品时，则要求果实个头大小一致，在八成熟时采收；供作冷冻贮藏用的果实，则要在果实充分成熟前的1～2天采收。

采收必须及时，以免延至下一次采收时果实由于过度成熟而腐烂，这样既浪费产品、造成经济损失，又会影响其他未熟果的膨大成熟，还容易引发病害。采收应在早晨露水已干至午间高温未到以前，或在傍晚气温下降到人觉得凉爽时进行，因为早晨果面附着露水或中午、下午果实温度太高容易造成果实腐烂。果实摘下后要立即放在阴凉通风处，使之迅速散热降温。有条件的可放置低温库预冷处理更好。采收草莓必须注意轻拿、轻摘、轻放。采摘时用大拇指和食指拽住并掐断果柄，不要硬揪硬拉，更不能用手握住果实硬拉，以免损伤果实，影响草莓的商品性。摘果时要带1～2cm的果柄，但不宜留太长，否则果柄会相互划伤果实。要将畸形果、烂果、干浆果、虫果挑出另行处理，以免影响果实质量，特别是烂果一定不要丢弃在田间，以免重复感染病虫害。

采收草莓用较浅的盆、钵、筐，盛具内侧要光滑，装果不可过多，避免果实挤压伤。鲜果上市的商品草莓一般要分级包装，分级标准通常分为4级，5～9.9g为S级，10～14.9g为M级，15～19.9g为L级，20g以上为LL级，畸形、虫蚀、碰压伤、病腐、末熟的果实无论大小都失去鲜果上市的价值，应做废果处理。远运商品果应定量小包装，采用无毒泡沫保温箱，每箱2～3kg，如用塑料盒分级精包装（每盒250～500g），然后装箱直接超市或宾馆销售会大大提高销价。无论用何种运输方式，尽量避免颠簸，避免太阳直射，以早晚或夜间运输为好。

目前中国的露地草莓主要用于深加工和冻品出口，由于南方病虫害相对较重，生产基地大都建立在北方。近几年露地草莓鲜果价格比较稳定，一般为3～4元/kg，亩产1 500kg，净收入2 300元上下，如果是农民自己劳作经营，连同工资，亩收入3 500元左右。

露地哈尼草莓生产效益（亩产）估算

生产成本		2 570元
①土地租金		500
②种苗	1 500株×0.3（3年总价）	150
③粪肥	农肥100、化肥100	500
④农药	纯生物源、矿物源、物理源等	50
⑤翻耕	拖拉机、畜力（主要是第一年）	100

⑥人工　栽植（第一年）除草（3 遍）植株整理、水

肥药管理、摘果（1 500kg ×0.4）越冬管理　1 200 元

⑦农膜　70

果品收入　1 500kg ×3.2　4 800 元

净收入　2 230 元

二、日光温室栽培

日光温室是高投入高产出的高效栽培形式，既可拉长果品上市时间，丰富果品市场，又能充分利用土地和农村冬闲劳动力条件，获得可观的经济收入。

(一) 日光温室建造

选择背风向阳、渗透性好、pH 值为 5.5 ~6.5 的平肥土地，有灌水条件或有打井吸水条件。温室座向以正南最佳，偏东方向角度越小越好。温室长度与跨度应根据地形、面积、方便管理以及降低造价来决定，一般跨度 7 ~8m，长度 50 ~80m。日光温室多为竹木结构或钢筋架三折式无支柱结构（表 6 -1）。

日光温室的建造应全面考虑“日光”的利用，根据不同纬度冬季太阳高度角的差异设计合理的屋面角、适宜的温室座向、高度和跨度，利用透光性强的棚膜，再结合保温措施，达到温光调节小气候的作用（表 6 -2）。

表 6 -1　不同纬度地区的合理屋面角

纬度	37°	38°	39°	40°	41°	42°	43°	44°	45°
	20.5°	21.5°	22.5°	23.5°	24.5°	25.5°	26.5°	27.5°	28.5°

表 6 -2　不同纬度冬至时不同时间的太阳高度角

纬度 时间	37°	38°	39°	40°	41°	42°	43°	44°	45°
8：00	7.3°	6.7°	6.1°	5.4°	4.8°	4.2°	3.6°	3.0°	2.4°
9：00	16.1°	15.4°	14.6°	13.9°	13.1°	12.4°	11.7°	10.9°	10.2°
12：00	29.5°	28.5°	27.5°	26.5°	25.5°	24.5°	23.5°	22.5°	21.5°

竹木温室结构跨度 7 ~8m，脊高 2.8 ~3m。前底角高 0.9m，与地面夹角 80°左右。前屋面角度 23° ~25°，坡中间略凸。后屋面仰角 30° ~50°，距后墙 0.8m 立中柱，中柱间距根据后屋柁、檩承压能力大小酌定，前屋面根据拱杆承压能力大小酌定 2 ~3 道横梁，根据横梁承压能力大小酌定横梁下支柱间距。拱杆间距 0.8m，横梁上设小吊柱支撑拱杆，避免薄膜与横梁磨损（表 6 -3）。

表 6-3　竹木结构一斜一立式薄膜温室用料

用料	规格	用量
横梁	长 4m，直径 15~20cm	25 根
木杆或水泥柱	长 3.2~3.5m，直径 15cm，截面为 10cm×10cm，高 3.1~3.5m	50 根
竹竿	长 8m，直径 10~12cm	33~50 根
铁线	8 号	2 600m
竹竿（片）	长 8m 或 6m，直径 6~8cm 或宽 5~6cm	125 或 190 根
椽子	以 1.5m，直径 8cm	200 根
塑料薄膜	厚 0.1~0.2mm，宽 3m	150kg
尼龙绳	长 8m	125~190 根
纸被	长 8.0~8.5m，宽 1.6m 或 2.2m	67 或 48 床
G12.577mm 草帘	长 7.5~8.0m，宽 1.2m	机卷双层 170 块、人工放帘 150 块

钢筋架三折式无支柱温室跨度 8m，脊高 3.2~3.5m，前底角高 0.8~0.9m，与地面夹角 75°~80°，前屋面中部 25°~30°，上部 20°~25°，后屋面仰角 30°~35°。钢筋拱架为两道粗钢筋或钢管之间用细钢筋焊接组成，后屋架长 2m，前屋架根据占地跨度设计长度和坡度，拱架间距 0.8m，拱架下面用 3~4 道钢筋焊连一起，拱架底端焊连在前角地基或水泥柱中的钢筋上（表 6-4）。

表 6-4　钢架结构一斜一立式薄膜温室用料

用料	规格	用量	用途
钢管	φ0.6 寸*	300~450m	做上弦用
钢管	φ1.5 寸	14m	做棚架用
钢筋	φ1.4cm	300~450m	做下弦用
钢筋	φ0.8~1.0cm	600~1 000m	做腹杆用
其他	塑料薄膜、尼龙绳、纸被、草帘的数量比竹木结构多 5%~10%（屋面大）		

注：温室长度为 100m，可利用土地 1 亩；*1 寸 =3.3cm。

日光温室的北墙体厚度在北纬 35°~40°地区应达到 0.8m，在北纬 40°以北地区应达到 1~1.5m，东西山墙可稍窄。后墙高 2m，1m 以下石砌，1m 以上空心砖两层或土打墙，墙体夹心充填稻壳、珍珠岩、苯板等更好。距温室前端 0.7m 挖深 0.5m 宽 0.8m 防寒沟，沟内置放碎草，上盖土压实（图 6-4）。保温棚膜选

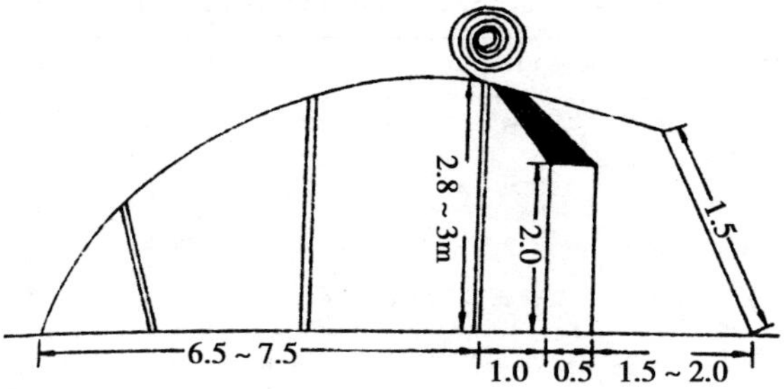

图 6－3 竹木有支柱日光温室

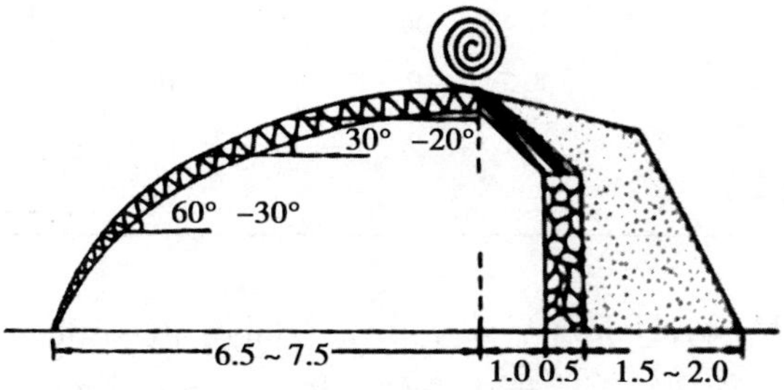

图 6－4 钢架无支柱日光温室

择 PVC 无滴膜为宜，需加盖草帘保温，草帘以稻、麦秸 5cm 以上厚度为宜，寒冷地区还应在草帘下增加纸被防寒，保温纸被采用多层牛皮纸中间夹缝编织袋帘。后墙提倡培土或在山墙外盖搭一层塑料薄膜保温（表 6－5，6－6）。

竹木结构温室造价 1 延长米 100 元左右，棚架可利用 3～4 年；钢筋架三折式无柱温室造价 1 延长米 400 元左右，棚架可利用 15 年以上。

表 6－5 前屋面角、水平投影宽度与脊高的关系

角度		15.5°	17.5°	19.5°	21.5°	23.5°	25.5°	27.5°	29.5°	31.5°	33.5°
	5.5	1.34	1.73	1.95	2.17	2.39	2.62	2.86	3.11	3.37	3.64
投影宽度	6.0	1.66	1.89	2.12	2.36	2.61	2.86	3.12	3.39	3.68	3.97
	6.5	1.80	2.04	2.30	2.56	2.83	3.10	3.38	3.68	3.98	4.30

另外，辽宁省东港市果农还对竹木结构的日光温室建筑结构进行技术改造。其中斜支柱代替中柱和钢线绳替代腰檩的新技术很实用，简便易行，降低温室建造成本。

表 6-6　不同纬度、不同脊高的温室间的适宜距离（m）

纬度		37°	38°	39°	40°	41°	42°	43°	44°	45°
脊高（m）	2.5	5.8	6.2	6.6	7.1	7.6	8.1	8.7	9.5	10.3
	2.6	6.1	6.5	6.9	7.4	7.9	8.5	9.1	9.9	10.7
	2.7	6.3	6.7	7.2	7.6	8.2	8.8	9.4	10.3	11.1
	2.8	6.6	7.0	7.5	7.9	8.5	9.1	9.8	10.6	11.5
	2.9	6.8	7.2	7.7	8.2	8.8	9.4	10.1	11.0	11.9
	3.0	7.1	7.5	8.0	8.5	9.1	9.8	10.5	11.4	12.3
	3.1	7.3	7.7	8.3	8.8	9.4	10.1	10.8	11.7	12.6
	3.2	7.6	8.0	8.5	9.1	9.7	10.4	11.1	12.1	13.0
	3.3	7.8	8.3	8.5	9.4	10.0	10.7	11.5	12.5	13.4
	3.4	8.1	8.5	9.1	9.5	10.4	11.0	11.8	12.8	13.8
	3.5	8.3	8.8	9.4	9.9	10.7	11.4	12.2	13.2	14.2

斜支柱代替中柱的方法是在后墙 130cm 中间隔 40～50cm 向中脊方向斜支一个木杆，固定在后屋面房板下面近中脊处的横檩上，既起到中柱的支撑作用，又省去中柱，方便田间作业。

钢丝绳替代腰檩的方法是把前屋面的三个竹木腰檩用 φ8～10mm 粗的钢丝绳代替，即在温室外边东西两侧或在温室内东西两端固定钢丝，用拉线器拉紧，再搭上拱杆，这种方法即省费用，又保证前屋面坡度平整和增加透光率。

全钢构组装温室是近年来辽宁省东港市农民不断摸索发明的新型日光温室，特点是建设时间短，投资少，温光条件好。以下是笔者调查归纳的相关建造数据（以 100m×11m 为例）（图 6-5，6-6）。

1. 结构

棚长东西 100m，棚宽南北 11m；

中脊垂直距地面 5.1～5.2m，中脊垂直距地面点距后坡架外点 3.7m；

排架间距 90（或 85）cm，113 排（或 118 排）；

上旋镀锌管直径 25mm/管壁厚 2.5mm，前坡架管长（含弯到后坡 1.25m）12m，后坡架管长 4.5m；

长坡自下而上 10.75m 处打后坡弯，自下而上 1.25m 处打前脚弧形弯（弧度斜角 70 度）；后坡架自下而上 1.7～1.75m 处打微弧弯；

前后排架下旋钢筋直径 12mm，与镀锌管长度相同；中间拉花筋直径 8mm，

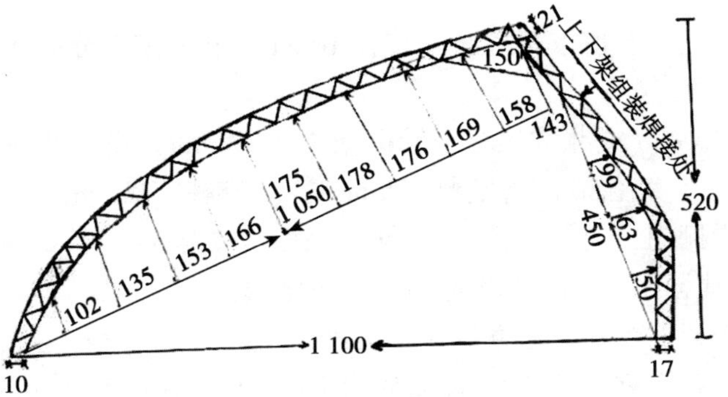

图 6－5 全钢构温室排架结构图

图 6－6

“V”形焊接，约需 15m 一根；

上旋管与下旋钢筋宽距 150mm，但前坡下角自打弯处逐渐缩窄至 80mm；

前坡架下自东至西拉管或拉筋：自下而上 0.750m 第一道拉筋（直径 12mm），自下而上 1.75m 第二道镀锌管（直径 4 分），再上适当处第三道花筋（直径 8mm），再上适当处第四道镀锌管（直径 4 分）花筋（直径 8mm），再上适当处第五道花筋（直径 8mm），再上适当处第六道镀锌管（直径 6

分）；

后坡架自下而上 5 道东西拉筋（直径 10mm）和 1 道 3 分镀锌管等距离宽度焊接；

距棚脊南坡 4m（或北坡架落地管向南 3.7～3.8m）设东西间一排可吊起的承重镀锌管支柱（直径 50m/管壁厚 2.5mm），每支柱间隔 5m；

大棚一侧设棚门，门外建看护房；（或棚后搭接宽 3m，长 20～25m，后坡底高 1.7m，内可建蓄水池、工作场地的小棚内棚）；

中脊上自东至西焊接一道直径 4 分镀锌管；

两侧山墙等距设立 7 更镀锌管支柱（直径 50m/管壁厚 2.5mm），4 道铁筋焊接；

棚上卷杠一根（直径 50m/管壁厚 2.5mm）100m；立柱 2m，每 4 排架一根；

温室内两头用铁拉线斜拉；大棚自东至西间隔 10m 贴后坡（保温层外）越中脊（棚膜下）到外前棚角设一道铁拉线，拉线两头有地卯固定；

棚架前后固定在 10cm 见方水泥横梁上，横梁下 2m 间距 1 地卯固定；

智能温控设备和滑道车（采果用）横管、横槽在覆盖后坡保温层前焊装；

2. 钢材用量

（1）单排架用量。

上旋镀锌管 2.5cm×0.25cm 规格，16.5m×115m（或 120m）；

下旋钢筋 1.2cm 规格，16.5m×115（或 120m）；

接管螺纹钢筋 1.4cm 规格，12cm×2m×115m（或 120m）；

排架间拉花筋 0.8cm 规格，47cm×34 根。

（2）单棚用量（115 排架）。

棚内立柱镀锌管 5cm×0.25cm 规格，5m×22 根 + 东西山墙 10 根；

卷钢立柱镀锌管 5cm×0.25cm 规格，2m×38 根；

东西卷杠镀锌管 5cm×0.25cm 规格，100m；

棚内排架连接钢筋 1cm 规格，1 000m；

棚内排架连接钢筋 1.2cm 规格，500m；

6 分镀锌管 100m；

4 分镀锌管 200m。

3. 温室（100m×11m）建造投资估算

（1）温室配套设施。遥控电动前拉式卷帘，保温设施为后墙、后坡、山墙用垃圾棉、草帘、塑料膜，前坡棚膜加棉被或草帘。水电管线进棚，设电灯补光、自动温控、硫黄熏蒸（防止病害）蓄水池。

（2）建设成本估算。

棚架 375 元/排 ×112 排（镀锌）=4.2 万元；

东西 3 道拉筋两道拉管 +19 个镀锌支柱管 =0.5 万元；

后坡和山墙保温内层垃圾棉 2.80 元/m^2 ×123m ×6m =0.21 万元；

后坡和山墙保温外层垃圾棉（无连接缝）3.20 元/m^2 ×123m ×6m =0.25 万元；

后坡和山墙保温农膜 15 元/kg（kg/10m^2）×100kg ×2 层 =0.3 万元；

后坡和山墙保温草帘 1.2m 宽，延长米/3.5 元 ×6m ×167 个 =0.35 万元；

前坡草帘 1.2m 宽，延长米/3.5 元 ×12mx84 个 ×2 层 =3.6 万元（如用保温被加草帘，减去一层草帘，加上 4 万元）；

前坡保温农膜 26 元/kg（kg/10m^2）×100kg + 帘下膜 15 元/kg（kg/10m^2）×100kg =0.41 万元；

卷帘机设备 0.4 万元；

智能温控设备 0.5 万元；

棚门、耳房 0.5 万元；

供电器材 0.33 万元；

供蓄水设施 0.5 万元；

硫磺熏蒸器 50 元 ×10 个 =0.05 万元；

大棚底座水泥空心砖或水泥块或水泥地梁 0.3 万元；

尼龙绳 15 元/kg ×80kg（压膜绳 40kg、卷帘绳 40kg）=0.05 万元；

不可预见费 0.1 万元。

合计：12.55 万元

（二）品种及种苗选择

日光温室生产草莓品种应选择休眠浅、可多次发生花序的优质、高产品种。还应根据果品销售市场距离的远近、生产者技术管理水平等确定品种。在丹东地区对进行远距离销售、管理相对粗放、计划鲜果上市兼作深加工的，可以选择高产、抗病、耐粗放管理的杜克拉、图得拉品种；近距离上市的可选择章姬、丰香、枥乙女、鬼怒甘、幸香等品质好、销价高但相对果软、不耐运贮和抗病性较差的品种；如安排一冬栽植两茬草莓，可选择上茬安娜下茬宝交早生或卡尔特一号品种。

草莓种苗应利用脱毒组培良种苗，尽量使用大苗、壮苗，清除杂苗，栽植前可将种苗按粗壮程度分类，相同大小的种苗栽在一起，避免植株参差不齐而管理不便。

草莓假植苗是日本普遍应用的温室高产技术之一，我国目前也正在推广应用。假植苗的特点是，种苗花芽分化充分，种苗健壮整齐，有利于提高产量，并且可促使果实大小均匀和植株间花果生长发育一致。假植苗的培育方法是把育苗圃中繁殖的幼苗在栽植到生产田之前移植到假植圃进行一段时间培育，获取素质较高的种苗。假植圃宜选择中等肥力的土壤，假植时间根据温室定植时间确定，一般在温室定植前40天进行，辽宁省丹东地区在7月末8月初为宜。假植时选择有2片或3片展开叶、白根健壮的匍匐茎苗，株行距（12～14）cm×（14～16）cm，宽畦100cm。栽后1天浇2次或3次透水，苗成活后见干浇水以保持土壤湿润。追肥看苗长势而定，以稳健生育为好，秧苗不宜过大、过旺或弱小，主要通过调节和控制氮肥的施用量来控制。假植苗比非假植苗入棚栽植时间要晚10～15天。

（三）整地与栽植

将温室内上茬作物根、草清除，浅翻30～40cm，结合耕翻全层施用倒细腐熟的农家肥3～5t；肥用草莓专用稀土复合肥40～50kg或用磷酸二铵20～30kg与硫酸钾10～15kg。作南北向垅，垄距85～95cm，床高20～25cm，垄面北至南高低落差10～15cm。

栽植时间为丹东地区和北纬40°～45°地区在9月初，以南地区适期延后，以北地区适期提前。大垄双行，小行距25cm左右，单株距13～17cm，根据品种不同亩栽植8 000～11 000株，种苗弓背一定朝向垅旁，覆土不可埋心，以免芽腐病发生。

（四）温室覆盖

日光温室覆盖棚膜时间因地理位置和品种不同而异，原则上是计划提早上市和休眠浅的品种早扣棚，计划推迟上市和休眠深的品种晚扣棚。北方地区可在降几场霜后的11月上旬，往南地区可适期延后。在扣棚的同时覆盖地膜，地膜利用黑色膜可减少除草劳动强度和提高地温。丹东地区红颜、甜查理、章姬、枥乙女品种扣棚时间在10月上旬，幸香10月中下旬，未经休眠处理的宝交早生和卡尔特一号在11月中下旬。

（五）肥水管理

施足底肥的温室草莓不提倡追施固体化肥，一旦缺肥，可通过滴灌或叶面施肥给予补充。滴灌追施尿素或其他化肥的浓度不能高于0.3%。喷施的叶面肥可用高效液体有机复合肥等 10 ~ 15 天喷施一次。

湿度管理是满足草莓生理需要和减少病虫害的重要环节。土壤持水量要求花芽分化期 60%，营养生长期 70%，花果期 80% 为好。温室内空气相对湿度以 70% 以下为宜，湿度过大要及时通风。灌水方法以滴灌最好，也可小双行中间浅沟勤灌，不提倡大沟漫灌。从植株和棚内空间观察，早晨揭帘时植株叶片有吐水现象，棚内没有雾气为好，叶片没有“吐水”可能土壤缺水，棚内雾大可能土壤偏涝。

（六）温度管理

草莓生长发育适宜温度是营养生长期 28 ~ 30℃，开花期 25 ~ 28℃，果实膨大采收期 20 ~ 23℃，温度高时要及时通风。生长发育期间最低温度不能低于 6℃，北方严冬时节可采取短时间的辅助加温措施。品种间对温度适应程度有差异，日本品种大都耐高温，甜查理也有耐高温习性，可以在营养生长期适温达到 32℃，其他品种超过 32℃会有灼伤障害。

（七）植株管理

覆盖棚膜后要及时摘除病老残叶，旺长后掰掉蘖芽或每株留分蘖不多于一个。花果期摘除老黄底叶，随时摘除新生匍匐茎。在扣棚后草莓萌动至现蕾期可用 5 ~ 10mg/L赤霉素喷心叶，能够起到打破休眠，促进草莓生长和提早成熟作用。由于品种间的休眠深浅程度不一，赤霉素的使用必需因品种而异，丰香、章姬、枥乙女、幸香、鬼怒甘、女峰只可喷施一次 5mg/L 液，图得拉一次 10mg/L 液，杜克拉、宝交早生、卡尔特一号先是 10mg/L，隔 7 ~ 10 天再喷施一次 5mg/L液，喷洒量每亩约 50kg（三壶水）液。

（八）花果管理

将花序理顺到垅帮和果下垫草，有利于着色早熟，减轻病虫危害和便于管理采收。在现蕾期把高级次的小花疏除，在幼果青色期将病果和畸型果疏除。日本品种大都是伞状花序，每枝花序花蕾 7 个以上，在温室里一茬花果能先后抽生 2 ~4 枝花序，花过量多达十几个以上，如不适量疏花疏果，果实个头小且参差不齐，畸形果增加，影响产量和商品价值，所以必须进行疏花疏果，根据植株长势，每花序留 3 个左右果实，能增大果个，改善品质，提高产量和商品价格。因为温室冬天密闭不通风，没有自然昆虫传粉，应放置蜜蜂辅助授粉。在 10% 植株初花时蜜蜂入棚，入棚过早蜜蜂会由于觅粉伤害花蕊，过晚影响授粉效果，前期花少时可适量喂糖养蜂。放蜂量以平均每株一只蜂为好，可根据蜂箱蜂量测算放置。蜂箱放置在大棚草莓中部位置，距地面 30cm，出蜂口朝南，喷洒农药时应搬出棚外，待放风安全后搬回，并注意养护。

（九）病虫害综合防治

坚持以防为主，以治为辅的原则，在草莓生产全周期过程中，从品种选择、育苗程序、选地、施肥、温湿度调节等各个环节入手，预防病虫害的蔓延和发生，尽量减少化学农药的施用，相关防治技术参阅第八章。

（十）光照管理

冬季昼短夜长，自然光不能满足温室草莓生长发育需求，可以采取后墙挂反光膜、运用透光性能好的棚膜、经常清扫膜面灰尘等措施。还应在11月到翌年2月期间采用电灯补光技术。具体做法是在草莓垄1/2处延棚向垂吊一排100瓦白炽灯，高度距垅面1.5m，灯炮间距8m，电照方式一种为间隔补光，即在盖帘后隔两小时照1小时，至到揭帘前停止，此种方式较麻烦。另一种方式为延时补光，即在盖帘后每晚电照4～5小时。

日光温室草莓生产是高投入高产出生产模式，据笔者调查，一般每亩当年投入25 000元左右，收入50 000元上下，净收入25 000元左右，如果是农民自己劳作经营，不算工资，可收入40 000元（表6－7）。

表6－7　日光温室草莓生产效益分析

项目	内　容	金　额（元/亩）
生产费用	1. 种苗10 000株×0.4元	4 000
	2. 农家肥0.5吨	500
	3. 化肥（底肥、冲施肥、叶面肥）	1 000
	4. 农药	100
	5. 农膜（棚膜、地膜）	1 000
	6. 草帘（5年折旧）	500
	7. 人工（翻地、起垅、栽苗、铲耕、打药、覆膜、卷帘、摘果等）	15 000
	8. 温室折旧（钢筋结构20年，竹木结构5年）	4 000
	合计	26 100
收入	日本优质草莓2.5T/亩×20 000元/T	50 000
利润		24 000

三、早春塑料大拱棚栽培技术

早春塑料大拱棚草莓可比露地草莓提早上市1～2个月，选地容易，越冬管理和倒茬轮作方便，也是可为利用的高效栽培形式。

选择土壤墒情适且有灌水条件的平肥土地，建棚时间为土壤封冻之前。大棚纵向以南北为佳。一般棚宽 8m，棚内顺棚纵向栽植草莓 8 垅，大棚长度不限。拱棚内顺纵向立五排支柱，中支柱距地面高 1.8m，距中支柱横向两侧间距 1.7m 立中侧支柱，中侧支柱高 1.7m，再距中侧支柱 1.7m 立边侧支柱，边侧支柱高 1.4m。立柱之上钉竹皮弧形弯插两边。纵向拱杆间距 1m，大棚竹弓弧面尽量达到整体平齐。

一亩地早春大拱棚造价 5 000元左右，其中，棚膜可用 2 年，竹木可用 3 年以上。

近年来农民已经推广应用全钢构组装大棚，具有坚固耐用、抗风抗雪、棚内宽敞作业方便、吸光蓄热好、可拆装移动、增产和改良果品品质等优点，虽然一次性投资每亩 20 000元左右，折旧 10 年仍比竹木结构大棚造价低（表 6－8）。

表 6－8　竹木结构塑料大棚用料

用料	规格	用量	备　注
竹片	长 6m，宽 5～6cm	150 根	也可用细竹竿
支柱	长 2.2.2、1.8m，粗 5～8cm	分别 100、200 根	
拉杆	粗度为 5cm 左右	425m	
塑料薄膜	厚 0.1～0.12mm，宽 10m	110m	
压线	塑料绳	1 000m	

注：大棚的跨度为 8m，长度为 100m

早春大拱棚草莓品种应选择休眠期长、抗旱耐寒性强和耐运贮的优质高产品种。丹东地区目前最适品种是卡尔特一号，艾尔桑塔可作为搭配品种。

栽植时间、方法及越冬前田间管理与露地草莓相同。北方地区在覆盖地膜后应再盖一层秸草防寒，于 1 月下旬撤去防寒草，覆盖上大棚塑料膜，在每一架拱杆之间拉绳压实，防止风雪破坏。

早春大拱棚草莓萌发后的管理与日光温室大致相同，但要特别注意果实膨大采收期防止高温热害和灰霉病的危害。

早春大棚草莓是半促成栽培，投入不是很大，但收入比露地草莓高出一倍（表 6－9）。

表 6-9　早春大棚草莓生产效益分析

项目	内　容	金　额（元/亩）
生产费用	1. 种苗 10 000 株 ×0.35 元	3 500
	2. 农家肥 0.5 吨	500
	3. 化肥（底肥、冲施肥、叶面肥）	1 000
	4. 农药	500
	5. 农膜（棚膜、地膜）	1 000
	6. 人工（翻地、起垅、栽苗、铲耕、打药、覆膜、卷帘、摘果等）	4 000
	7. 大棚折旧（钢筋结构 10 年，竹木结构 3 年）	2 000
	合计	12 500
收入	草莓 2.5t/亩 ×10 000 元/t	25 000
利润		125 00

四、抑制栽培

草莓抑制延迟栽培是对已完成花芽分化的苗，人为地将其休眠期延长，并根据市场需求合理调整种植时期，从而在成熟期上补充露地、日光温室、大棚、小拱棚栽培所采取的一种栽培方法，在我国草莓产业发展中前景广阔。

具体方法是选择已完成花芽分化的优良壮苗，于土壤封冻前或解冻后起苗，去掉老叶，剩两叶一心，洗净后 50 株一捆，放入带有透气孔的纸箱或木箱中，每箱装 20 捆，分两层，纸箱应具备防潮性能。箱内侧覆一层塑料薄漠，将苗装入后封好，上方经薄膜覆盖后，留有一呼吸透气孔，封盖后，统一装入恒温库。贮藏温度要求 0 ~ 3℃。贮藏温度过高、过低会出现烂苗、冻死现象。

苗木出库时间以草莓上市时间定，上市前 2 个月定植。丹东地区 8 月初定植，10 月中旬上市。苗出库前，应进行整地，方法及要求参照早春大拱棚部分。不同的是高温季节定植应进行遮阴处理。北方一般栽植在大棚中，棚上加盖遮阳网，既促进成活，又使果实增大。如不进行遮荫处理，苗成活后花序、匍匐茎迅速长出，影响果的质量，后期扣棚保温前将遮阳网撤掉。

如果 7 月份定植在大棚中，9—10 月结果，9 月下旬应扣棚保温，延长结果期。如果定植在温室中也应 9 月中下旬扣棚保温，并且依照温室生产技术管理。

草莓抑制栽培是应对特殊市场需求的栽培模式，在我国推广空间不大，因为日光温室草莓可以从 11 月到翌年 5、6 月采收上市，保证了草莓半多年市场供货，而 7—8 月各地高温多湿，是草莓病虫害高发期，难于生产安全食品草莓，并且如果在这个时段草莓成熟采收，果子快速转红，个头小，硬度差，口味不佳，货架寿命短；而9、10月又是南北方各种水果应市旺季，草莓市场价值优势受到冲击，生产效益不突出。

附：红颜、章姬、幸香栽培技术要点

（一）红颜栽培技术要点

根据红颜品种特征特性及我地区和全国温室生产条件，总结多年栽培管理经验。东港市草莓研究所制定了红颜优质高产栽培技术要点。

1. 培育优质壮苗

选用脱毒组培原种母苗繁殖良种苗，常规繁苗田应选在两年内未栽过草莓，土面平整、土壤疏松、有机质丰富、排灌方便、光照良好的地块。亩施腐熟农家肥3 000～4 000kg、氮磷钾复合肥30～40kg，铺撒均匀翻入土壤25cm左右，打垄作床。该品种繁苗能力中等，每株母株可繁殖30～40株合格子苗，一般每亩定植母苗800～1 000株。定植深度应把握在浇水沉实后苗心仍高于土表为宜，即“上不埋心，下不露根”。时间一般在4月上旬，日平均温度在10℃左右，有条件可用营养钵在棚内假植一段时间后再定植，可大大提高成活率。栽植时，应使根系舒展，前期地膜覆盖。母株成活后，及时摘除老叶、病叶、花序与领蔓压土，促生匍匐茎。繁殖期间要注重炭疽病与叶斑病的防治。

推广假植育苗培育壮苗。壮苗标准：绿叶5片以上，根颈粗0.8～1.0cm，植株矮壮，根系发达，白须多，无病虫害。假植育苗是促成栽培中培育壮苗，促进花芽分化，提高产量和品质的一项有效措施。一般分露地苗床假植和营养钵假植。生产上多采用苗床假植，即在温室定植前40～50天（一般为7月末8月初），将繁苗圃中母株的匍匐茎子苗挖出，按大小分类，移植到100～120cm宽的假植圃中，株行距（12～15）cm×（12～15）cm左右，进行精心管理。假植苗圃应平整疏松、有机质含量高，排灌水方便。假植育苗及生产定植前要汰除病苗，重点对炭疽病加强防控。

2. 定植技术

东港地区草莓定植时间一般8月末至9月初，假植苗应延后10～15天，栽植密度因苗素质而定，一般每亩栽植8 000株。一般垄面宽50～60cm，双行定植，行距25～30cm，株距13～17cm，垄高30cm以上，由北向南落差10～15cm。栽植时间多在高温季节，为提高成活率应避过高温，抢阴天和低温时栽植；起苗前苗圃浇透水，多带土，少伤根；栽植宁浅勿深，覆土不可埋心，弓背朝向垄沟；定植后遮阳防晒。

3. 施肥技术

（1）施足底肥。定植前施亩施充分腐熟的农家肥4 000～5 000kg，草莓专用复合肥50kg，深翻30～40cm，与土壤充分拌匀。

（2）适时追肥。温室保温后，草莓长势变旺，花芽分化迅速，坚持平衡施肥原则，缺啥补啥，不缺不追。一般情况下，在顶花序现蕾期后，以后每隔20天追肥一次，每次亩施氮磷钾复合肥10kg，配成0.2%～0.3%溶液滴灌或叶面喷施。针对性的喷施叶面肥促进果实发育和提高果品质量。叶面肥尽量选用生物菌肥或低残留有机生物肥，保证草莓的无公害性。为防止缺钙及畸形果产生，可在现蕾期有选择地喷施含钙、硼的叶面肥。

（3）补充CO_2气肥。采取秸秆生物反应堆技术，或草莓开花一周后，在相邻两株草莓间开15cm深的孔，每孔放入2枚CO_2缓释颗粒剂（每粒5g），覆土5cm压实，滴灌，保持土壤湿润，这样可以解决温室郁闭导致的CO_2亏缺问题。

4. 湿度管理

土壤含水量，花芽分化期要求达到田间持水量的60%，营养生长期达到田间持水量的70%，果实膨大期达到田间持水量的80%。开花期及果实采收前要适当控水，防止空间湿度大影响授粉受精和果实腐烂。温室内空气相对湿度应控制在70%以下为宜。

5. 温度管理

扣棚时间一般在日平均温度16～18℃进行，丹东地区一般在10月上中旬，可根据当地气候变化和预计果实上市时间灵活掌握。扣棚同时覆盖黑色地膜，既可提高温度又可除草。

开始保温后，白天温度应保持在25～28℃，夜温在10～12℃，不低于8℃，防止夜温低导致植株进入矮化休眠状态，白天温度高可促使花芽发育，但不应超过32℃，避免叶片灼伤。花期对温度要求严格，白天应以23～25℃为标准，不要超过28℃，夜温8～10℃。温度过高或过低影响授粉受精效果，导致畸形果产生。花后至果实膨大期，白天20～25℃，夜温不低于5℃。白天温度高，着色早，果实小，影响商品价值。

6. 植株管理

覆盖棚膜后要及时摘除病老残叶。花果期摘除老黄底叶，随时摘除新生匍匐茎。视植株长势不喷或只需喷施一次5mg/L赤霉素溶液。将花序理顺到垄帮和果下垫草，有利于着色早熟，减小病虫害和便于采收，在现蕾期把高级次的小花摘除，在幼果青色期将病虫果和畸形果疏除，第一茬花序一般留6～8个果，第二茬花序保留5个或者6个果，第三茬花序保留4个或者5个果，疏花疏果能增大果个，改善品质，提高产量和商品价值。应放养蜜蜂辅助授粉。在5%植株初花时放蜂，放蜂量以平均每株草莓一只蜂为宜。

7. 光照管理

冬季夜长昼短，自然光不能满足温室草莓生长发育需要。除采取后墙挂反光膜、运用透光率好的棚膜、经常清扫膜面灰尘外，还应在11月至翌年2月间采取电灯补光技术。具体做法是，在温室横向中间处延棚纵向每3m距垄面1.5m处垂挂一排60瓦白炽灯，每亩需30个。盖苫后每晚光照4~5小时。

8. 病虫害防治

坚持“以防为主，综合防治”的原则。从草莓生产各个环节入手，预防病虫害的发生和蔓延，尽量减少化学农药的使用。禁止使用剧毒、高毒、高残留农药。重视轮作倒茬和土壤消毒（采取太阳能高温消毒或棉隆化学消毒），加强育苗期及花前防治，优先采用熏烟法和粉尘法。红颜草莓不抗炭疽病，中抗白粉病。炭疽病应把握发病时期提前预防，除进行土壤消毒、采用脱毒种苗外，苗期可选使百克、炭疽福美、阿米妙收等药剂进行防治。白粉病应在扣棚加温后夜间使用硫磺熏蒸器熏蒸，预防效果好；发病时可选用世高、翠贝、阿米西达等药剂防治。灰霉病一般为花后病害，应在花前选用百菌清、扑海因、施佳乐等药剂防治；果期发病可选用纯植物源杀菌剂－丁子香．芹酚喷雾防治，或用百菌清烟雾剂熏蒸。草莓虫害主要为蚜虫和螨类。蚜虫一般选用抗蚜威、吡虫啉等药剂防治。螨类可选用阿维菌素、尼索朗、哒螨灵防治。

9. 适期采收精包装上市

选取九成熟的草莓采摘，采摘时应戴上一次性使用的医用手套，采摘容器最好用无毒塑料筐或小筐，里面垫一层干净的柔软材料。采收时以上午9时前后或傍晚转凉后进行为好。

宜精小包装，分等级上市，货架果盒每包装6~12个果，批发包装用无污染的纸箱或塑料盒，内衬新鲜的草莓叶，规则地摆放草莓，保证整个过程无污染化和清洁化。

搬运过程中要轻拿轻放，尽量避免振荡，最好使用冷藏车运输，温度保持在1~2℃，湿度保持在90%~95%。

（二）章姬品种栽培技术要点

章姬抗性好，产量高，果形艳丽，风味芳香可口，最适宜温室促成栽培。根据北方气候特点，经几年来的研究试验，总结归纳章姬草莓新品种的栽培技术要点如下：

1. 培育健壮种苗

选用脱毒组培原种母苗繁殖，注重防治炭疽病。章姬匍匐茎子苗遇高温心叶扭曲，完全功能叶叶梗较长，易受风摆动而影响子苗落地生根，故应人工固定或土压匍匐茎辅助子苗落地生根，保证种苗健壮和不少于3片叶。

2. 定植与土肥管理

8月下旬至9月初栽植，宜大垄双行，大垄间距90～95cm，小行距30cm，株距20cm左右，亩株数不超过7 000株，垄高30～40cm以适应花序拉长。亩施腐熟优质农肥3 000～4 000kg、磷酸二铵15kg、磷酸二氢钾10kg，施肥方法为30cm土深全层施肥。

3. 温湿度管理

覆盖地膜和棚膜的加温时间在10月中下旬，应保持土壤湿度，少灌勤灌，采用膜下滴灌为宜，同时注意降低棚室内空气湿度；要求土壤持水量60%～80%，前期稍干，后期稍湿，温室内空气相对湿度在80%以下，温度管理在营养生长期白天温度28～30℃，现蕾期25～28℃，果实膨大采收期23～25℃，夜间最低温度不低于6℃。

4. 光照管理

章姬品种对光照敏感，北方地区冬季自然光照少，可在11月至翌年1月给予电灯补光，即每天补照2～3小时，于盖草帘1～2小时后进行，可以保持章姬正常长势。

5. 蜜蜂授粉

温室内空气流动差，不利草莓授粉，应在始花期（5%开花）后放养蜜蜂授粉，蜂量以每株一蜂为宜。蜜蜂进棚后前10天要适量给糖补养，避免花粉不足导致蜜蜂损伤花蕾或蜂量减少。

6. 疏花疏果管理

为保证丰产优质和大果率，每个花序一般留果2～4个。

7. 病虫害防治

重茬棚室应进行土壤消毒，宜防治炭疽病等土传病害，栽植后要早期防除各种病虫害，花果期减少施药或尽量施用低毒熏蒸药剂，要保护蜜蜂和生产无公害优质果品。

8. 适期采收，精包装上市

章姬果实相对较软，采收前不宜“大灌”水，采收时间在9：00前或18：00

后的棚温低时进行，应在“八分”熟时即采收上市，由于此品种具有熟前果白部分已有甜味的特点，略提前采收基本上不影响果品品质，反而有利于贮藏运输，延长果品货架寿命。章姬果实较大、艳丽，在日本属“礼品”草莓，宜精小包装，分等级上市，货架果盒每包装6～9个果，批发包装每泡沫保温箱不超两层果，不超2kg为好。

（三）幸香草莓栽植技术要点

1. 栽植时间、需苗量

在早晨8：30～9：30栽植，亩需种苗1万～1.1万株。

2. 耕地、肥料准备

棚内土面整平；每亩8～10m^{3}发酵好和混拌均匀的农家肥平铺，旋耕耙细（20～30cm）。磷酸二铵40kg、硫酸钾30kg。

3. 起垄要求

垄距85cm，垄高35cm，垄沟底宽15～20cm，稍有垄坡斜面起垄，垄面不可有粪块、土块，垄面、垄沟、垄帮垂直平整，提前2～3天做好垄，保持土壤湿度。

大垄双行，小行距30cm左右，株距14～15cm，苗子弓背朝外，根须垂直，“上不埋心，下不露根”，栽后马上浇透水。

4. 栽植后管理

保持浇水，浇透水之前每天一次，浇透后酌情补水；浇透水后再不要垄沟灌水；缓苗后停止天天浇水，观察墒情补水；选择喷灌技术更能省力、有效。

垄沟不泞可以进人时，检查和校正秧苗，压心的提提苗，露根的培培土，在“上不埋心，下不露根”原则下，宁浅勿深。

遮荫网在栽苗后10天（缓苗后）左右及时撤下，保证光照温度更多利用。

栽后3～5天查田补苗；栽植后15天普遍喷施一次多菌灵或百菌清或托布菌，预防芽枯病和叶斑病；20天时喷施一次阿米秒收，防止炭疽病。

滴灌系统可抓紧时间安装，缓过苗后可以用桶装缓温水滴灌，视墒情少灌勤灌。

大棚膜和地膜在10月1日前后上。

5. 保温后田间管理

（1）温度管理。大棚草莓生育对温度的要求，定植后白天30℃、夜间最好是12℃；显蕾时白天要求25～28℃、夜间10℃；开花时白天24～25℃、夜间8～10℃；果实膨大期白天20～23℃以下、夜间6～8℃；最低不低于5℃以下。

（2）植株管理。膜下大草铲除；匍匐茎和枯老病叶劈除；检查掏出遗漏膜下叶片或植株。持续疏花疏果。疏除畸形、受粉不全、有虫害和晚出的小果蕾。留果标准是第一茬果枝（一般能出3支左右）按抽出先后顺序每支留3、2、1个花果。及时掐掉果后残枝和匍匐茎。将贴地皮的残老小叶和叶缘叶面有明显锈色肥害叶劈除。

（3）放置蜜蜂辅助授粉。每个棚（1亩）1箱蜜蜂，每箱达到7 000～8 000只以下上（理论上1株草莓1只蜜蜂）。

（4）湿度管理。保持垄沟湿润、垄帮垄面潮润。既不能过涝，也不能干旱，勤灌少灌。土壤水分70%左右。垄沟不黏，垄帮、垄面潮润，早晨叶缘吐水珠，揭帘时棚内没有雾气即可。

（5）光照管理。11月中下旬至翌年2月上旬每天盖帘后点灯补光4个小时。也可后墙放置反光膜。

（6）病虫害防治。重点防治白粉病，坚持硫黄熏蒸，每日熏蒸2小时，经常检查熏蒸器铝罐内硫黄剩余情况，及时添加硫黄粉。灰霉病、炭疽病、红蜘蛛、蚜虫、白粉虱、蛞蝓等病虫害也要严加防治。要特别注意果品安全，应尽量选择生物天敌、物理方法、微生物、有机农药和低毒低残留农药，禁止使用国家明令禁止的农药。

（7）粪肥管理。观察缺素情况选择冲施肥或叶面肥。

第七章
草莓创意栽培

一、观光采摘

作为农业的休闲实体，草莓观光园既要满足农业生产的需要，又要给游客提供餐饮、住宿、游玩等休闲的需求，具有生产、生态、生活服务、科普教育和社会等多功能。

从生产功能出发，草莓观光园需要选择口味好、果型靓、产量高、连续结果能力强的草莓品种。而从休闲娱乐出发，则要求配备服务观光建筑、小品等设计要素。

草莓生产受季节性因素影响很大，因而季节性因素对草莓观光园的运营模式、建设形态、景观效果等多方面同样有着很大影响，规划设计之初必须充分考虑观光园对季节因素的适应，以提供在草莓生产、旅游观光等方面的应对策略。

生态性是草莓观光园的主要吸引力之一，由生态性而表现出的生态美学价值是农业景观的重要特点。

经济效益是草莓观光园建设和发展的关键因素。草莓观光园规划设计之初，一方面必须从经济因素上考虑项目建设的可实施性、可持续性，如开发的目标与当地的社会、经济条件相适应；另一方面必须从农业经济的运营、草莓品牌的打造、区位交通和社会成本等经济因素上考虑规划设计的呼应。

农业观光发展的最主要吸引力来自于园区景观和草莓景观，景观的质量直接决定了草莓观光园的发展潜力。

草莓观光园的规划设计应体现地域的文化传统，要注重对草莓文化和民俗文化内涵的挖掘，通过对草莓历史文化、技术文化的展现来提升草莓观光展示的深度。

草莓光观光采摘园建设项目应立足新型农业开发，提升草莓品质和安全性，打造特色产业品牌，经济效益与社会效益兼顾，园区应引用或制定草莓生产技术规程标准，引用了目前国际最优良草莓新品种，生产中应用防虫网、粘虫色板、防雾滴棚膜、膜下滴灌、蜜蜂授粉等生态栽培技术。

肥水管理上，要做到有机肥与无机肥及各营养元素搭配合理，适量时期施肥和灌水，不能存在过量施肥和灌水现象。

病虫害防治上，杜绝使用高毒、高残农药，坚持以农艺措施、生物防治、生物制剂和微生物制剂防治为主，以低毒、低残化学农药防治为辅的原则，实行统防统治，园区草莓安全生产目标是：以生产无公害食品为基点，以生产绿色食品为标准，以生产有机食品为最终目标。生产的草莓全部依照国家或行业食品安全质量标准生产。园区应配备相应的检验检测设备；农资管理有专门的仓库、专人负责、出入台账，库存物品摆放整齐有序，包装回收，无限禁农药。生产、销售、管理等有档案记录；产品质量建立追溯制度。为城市市民提供了回归自然、休闲观光、科普享乐好去处，奉献了优质安全、美味可口的“水果皇后”（草莓），丰富和提升广大市民饮食文化生活内容。

草莓观光采摘园建设经营是一套系统工程，除了园区工程建设、栽植管理外，必须建立和规范相应规章制度来保证各项工作顺利开展。以下是笔者为草莓观光采摘园区起草的几份规章制度，仅供参考。

（一）果蔬质量安全生产制度

为使本园区果蔬产品达到生态、绿色、高品质商品标准，为消费客户供给安全适口新鲜果蔬产品，特制定本本生产制度。

严格执行国家绿色农产品生产标准，杜绝使用绿色农产品禁止使用的所有农药、肥料、激素等生产资料。

严格治理和净化园区生产环境，做到园区无污染、无异味，景致优美清新。

坚持病虫害统防统治原则，坚持以预防为主原则，坚持以农艺措施、生物防治、生物制剂和微生物制剂防治为主原则。

引进应用抗病品种、无滴棚膜、蜜蜂授粉、粘虫色板、膜下滴灌、黑膜覆盖、硫黄熏蒸、智能温控等防控病虫害技术，最大限度减少农药使用。

实行安全生产追溯制度。农产品品种、病虫害防治措施（用药品名、浓度、方法、时间、操作人等）采摘时间、分级与包装、储运等内容记录在案。

农产品设置专门商品化处理的包装、储存、预冷场所。

果蔬产品商品销售时，按照商品销售行业规定，分级分等，明码实价促收。凡产品商品质量和安全质量未达标、等级分捡未达标、包装和储存未达标的一律禁止出售。

加强果蔬安全生产宣传教育，坚定果蔬安全生产意识，建立健全果蔬安全生产监管制度。安全责任明确，对不按本规定生产或操作，导致果蔬安全不合格或造成食品安全事故的，追究相关人员责任。

（二）接待草莓观光采摘工作须知

1. 采前准备

（1）物件准备。宣传册、包装物、计量器具、登记册、门票印制、采摘须知、一次性胶手套等。

（2）园区场地棚内整理。划定停车场、设置临时卫生间（天暖后可在厢房改建固定式）街道净洁无垃圾杂物；棚内备足包装物（盒、箱、篮子、方便袋等）和计量、计算器等；通道干净，通行方便；设置客人衣帽挂放处等。

（3）接待室布置。整洁明亮；展柜（展示不同包装物、商品草莓、宣传册等）休息椅凳、收银台、宣传挂图、洗涤物品等。

（4）确定采摘温室和价格。棚室负责人提前汇报本棚草莓采摘预期、估测数量和草莓商品性状等；确定销售价格。

2. 接待服务流程（特殊服务除外）

引导车辆停放（专人）——接待室接洽（专人）——草莓营养保健美容常识和观光采摘益处介绍——草莓采摘和直销价格以及包装物介绍——门票出售登记（专人）——介绍采摘须知（可同时发给客人一份《须知》）——确定采摘温室——陪同客人进棚采摘（专人和温室负责人）——提醒安置衣帽物品——近距离指导服务——温和提醒（采摘须知）和纠正不利行为——帮助包装——计量签字——陪客人会接待室交费——欢送客人。

温馨指导：尽量不穿高跟鞋和浓妆进棚，采摘熟果别摘生果，要掐果梗不能拽拉草莓，轻摘轻放，不能踩坏花果，离蜂箱远点，更不能挑动蜜蜂等。

3. 采后工作

汇集销量、人次；清理干净客人吃后扔掉的果蒂；日常田间管理等。

4. 接待服务姿态要求

衣着整洁，举止大方，谈吐文明，服务热情。接待客人习惯用语："您好！""欢迎光临！""欢迎再来！"

（三）仓库管理制度

坚持原则，公私分明，实事求是，账目清晰，手续健全。

闲杂人员不得进入库房，不得在库房内吸烟、聚众游戏、做饭就餐。

库房内物资摆放分类、整齐、有序，物品出入库记录清楚。

因正常工作给付劳动工具和其他生产资料时，办理出库签字手续，及时收回劳动工具，如没有收回并且追查无果，由管理人员按价赔偿。

所有物资的借出、归还，必须有记录可查，物资入库、出库必须建立台账。

当日账当日结，做到账物相符。

及时回收物资、药品、肥料包装物，做好记录。

（四）园区安全生产规定

为保证园区劳动人员和生产设施安全，确保安全生产第一，特制定本规定。

园区内和大棚内不得吸烟和乱扔烟头，吸烟必须到工作室内。

员工进行施药施肥时，必须严格自身保护，采取口罩、手套、防护服或防护眼镜等措施。

电器设备安装维护，必须是有资质电工依照安全操作规程操作，并有两人以上人员在场；未经领导同意，不得擅自使用电褥子、电暖器、电热风、电水壶等电器设施。

园区内各类交通驾驶人员，必须持证工作，按照国家相关规定安全驾驶；各类机械安装操作，必须按照相关使用说明进行。

炊事人员在注意防火同时，不得使用发霉、有毒、过期、不洁净的原材料做饭菜，餐具必须精洁、消毒、无污渍，杜绝食物中毒事故发生。

农药、化肥必须安全储存，远离食品、厨房、餐具、水源，建立严格出入库制度，不得违反化肥、农药储运和施用安全技术规定。

劳动人员在任何场所进行各种作业时，必须注意自身和他人的安全，严格按照安全规程操作。

违反以上规定，造成安全事故的，责任由当事人承担。

（五）园区负责人岗位责任制

为人正派，热爱园区，责任心、事业心强，遵纪守法，具有一定农业生产管理能力。

在总经理领导下，落实园区生产计划，直接负责园区所有生产管理工作。

掌握园区运营状况，及时向总经理提出近远期生产作业、生产资料准备、劳务雇工、园区改造治理等计划，经同意后负责组织实施。关键生产环节和突发事件时，身临现场带领员工作业。

为园区劳动生产安全、果蔬质量安全第一负责人。时时掌握和督查安全防范情况，及时处理安全隐患。

尊重科学，重视科学，组织落实生产技术规程不走样，日常观察农作物生长发育情况，发现问题及时与技术人员沟通解决。

任人唯贤，派（雇）工公平，既保证农时不误又兼顾节约人力物力，既考虑劳动效率又兼顾生产安全和用人所长，创造和谐团结氛围，充分发挥员工劳动积极性。

不断提升自身管理水平，努力打造园区形象。掌握园区治安、安全、卫生、库管、营销、接待等情况，发现问题及时解决。

严格控制生产、管理费用开支，履行计划—请示—审批—实施程序，厉行节约，杜绝浪费。

如有消极怠工、乱用职权、假公济私、贪污索贿以及重大渎职行为，免去负责人职务或辞退。

（六）园区警卫人员职责

负责对出入园区的外来人员、车辆及所带物品进行询问、检查、登记，未经登记允许，谢绝入园。

严禁上班时间饮酒或酒后值班，杜绝脱岗和睡觉现象发生。

昼夜要加强园区巡逻检查，防火防盗防自然灾害，确保园区所有资产、设施、作物安全。

严格交接班制度，如有失窃和工作失职造成的经济损失，由当班警卫人员负责赔偿。

警卫人员必须对发现的安全隐患第一时间进行处理或报告给园区领导。

雨、雪、大风天气要格外注意园区防灾检查，如有异常情况，立即报告园区领导。

警卫人员不得假公济私、监守自盗，如有发生，呈报公安机关处理。

服从领导安排，完成领导布置的保安相关工作，同时做好环境卫生工作。

（七）园区劳动纪律规定

为提高园区内部管理水平和劳动效率，建立和谐有序的工作氛围，制定以下劳动纪律。

严格执行园区劳动作息时间规定，不得迟到早退和无故离岗；有事提前一天请假，无故旷工一天，罚款两天工资，无故旷工两天，予以辞退。

上班时间不得自由散漫、打架斗殴、无理取闹、偷闲取巧、目无纪律，不听劝阻的，给与相应处罚，屡教不改的，予以辞退。

员工必须听从领导，服从分配，团结互助，保质保量完成工作任务。凡不服从领导正常工作安排的，给与批评或经济处罚，经批评教育仍不改正的，予以辞退。

在劳动中必须听从技术人员技术指导，按照技术规程操作，对严重违反操作规程经多次指点批评仍不改正的，停其相应工作，对违反操作规程造成经济损失的，追究其经济责任。

每个员工都应爱护和保护园区财产设施、花草树木、道路沟渠，不得损坏和糟蹋公共财物。

科学合理使用生产资料，注意节约杜绝浪费，凡人为导致损失浪费的，追究当事人责任。

自觉维护园区内和大棚内环境卫生，保持清洁卫生良好习惯，树立和打造园区美好形象。对故意损坏园区卫生环境、破坏园区声誉的，追究其相应责任。

二、高架栽培

草莓高架栽培不需要大量的劳力，生产管理劳动强度低，但投入成本高，生产效益不稳定。考虑到草莓是密集型劳动产业，直接生产者将逐渐减少，所以，草莓高架栽培技术的开发和推广尚有发展空间。

草莓高架栽培的开发目标是改善栽培管理、收获等作业过程，降低劳作强度。作为生产者一方对它有强烈需求，对于消费者则看好草莓鲜果垂吊于空中没有污染。由于珍珠岩、椰壳和草炭等栽培基质和营养液成为草莓高架栽培的生产投入较高，掌握栽培技术也不容易。因此，所有高架栽培开发的目标都应是低成本化，且简便利于管理。

在基质的使用、肥料的种类及给液方法等技术方面，草莓的高架栽培使用的技术包括从土培到营养液栽培的技术，这就要求多种技术的搭配。但是，要对应各种需要来进行搭配，才可以取得显著的效果。

草莓高架栽培的各种方式栽培技术都应致力于标准化管理，有自己的温、光、水、肥、气管控标准和操作系统。另外，基质的种类和栽培床的构造的选择要适合当地的实际情况，因地制宜、实事求是地开发和引用，力求避免浪费和失误。

草莓的高架栽培，可分为营养液栽培和土培型两类，两者的技术目标和普及、指导方法不同。

营养液栽培型制造商多，引用成本高但栽培管理系统稳定，农户采用后只要学习一定的技术，日常管理简单。追求生长环境调控、高产量、高品质生产为重点的大规模生产适合采用营养液栽培。

土培型的特点是重视引用成本的降低，即使产量不比耕地栽培增加，栽培床的高架化也是改善作业环境，降低劳动强度的好方法。

生产者的栽培管理技术的水平不同对产量和品质有很大的影响。但是，上述的营养液栽培和土培型栽培都以根际生长环境为中心来合理管理，基本技术并无明显不同。

消费者对草莓需求不仅要求新鲜、味美，而且安全性要高，无农药和少农药栽培草莓是今后的发展方向。草莓生产在引入高架栽培后，可以利用不同的天敌再加上无农药栽培技术将生产出消费者满意、放心的优质草莓。

高架栽培温室和高架的构造多种多样，这里仅简介其中一种（土培型）。

1. 温室

要求高大宽敞，具备升降温度、湿度设施，坚固抗风，透光率高，在北方还要有冬天除雪功能。

2. 栽培架

包括栽培槽和架台，架台有两种基本形状：内置 2～4 条栽培槽和外置 2 条栽培槽。架台的宽度在内置时 2 条为 70cm，3 条 90cm，4 条 120cm，外置 2 条为 70cm。架台高度要求内置架台的上方有 65～70cm、外置架台上方有 100cm 的高度空间。

3. 栽培槽

栽培槽有无纺布做的和合成树脂做的两种。无纺布做的栽培槽每米容量约 10 升，可以使用 3 年；合成树脂做的栽培槽长 120cm，宽度有 28cm 和 18cm 两种。宽 28cm 的栽培槽可以栽两行，容量 17 升；宽 18cm 的栽一行，容量为 15 升。可以使用 10 年左右。

4. 栽培基质

草炭、蛭石、炭化物、杉皮粉碎物和椰子壳等混合使用。

5. 灌水管

由于滴灌施肥和灌水均匀，所以，采用滴灌型滴水管。

草莓高架栽培按照占地面积计算，一般亩产不会超过耕地栽培的。这是因为一是单位面积株数减少，群体产量下降，二是草莓根际环境温湿因素变化快、差异大，影响根须生长发育和生理功能，三是基质和营养液为人造养分基础，除了配置、调控不一定精准外，大量已知和未知土壤中养分元素缺失。

三、立体栽培

立体栽培也称垂直栽培，是指充分利用大棚、温室空间进行农作物生产。在生产中，常用的草莓立体栽培模式有架式栽、柱式栽、槽式栽等。立体栽培具有可提高空间利用率和单位面积产量、解决重茬问题、减少土传病虫害等优点，经济价值和观赏性均较高。目前，草莓立体栽培已成为设施园艺的一个亮点。

（一）柱式栽

塑料栽培钵经立柱串连而成，营养液从上端逐一渗入下一层，经液管回收循环利用。立柱上栽培钵可自由旋转，使草莓均匀采光。此种栽培模式可充分利用温室空间，显著提高单位面积的种苗数量和果实产量。

（二）支架栽

A 型支架式采用 C 型钢骨架，配有滴灌、废液排出和基质加温等装置，架式结构稳固，使用寿命长。此种栽培模式可充分利用光能，改善作业环境，增大单位种植密度，且日常管理方便，劳动强度降低。

H 型支架式采用 C 型钢骨架，高度 1.2m，配有滴灌、废液排出和地热加温等装置，材料简单，成本较低，使用寿命长。此种栽培模式具有光照良好、温湿度适宜的优点，可使草莓长势整齐，结果一致，方便作业及采收。

可调节支架式栽培支架包括立柱、可调节支架、固定栽培槽、移动栽培槽等部分，配有滴灌、废液排出等装置。支架间角度可调节，使支架互不遮光，创造良好的光温环境。此种栽培模式可充分利用空间，提高单位面积产量和经济效益。

（三）吊着栽

吊槽式栽培栽培槽悬吊于空中，装有栽培基质。采用此种模式种植草莓，采光良好，草莓长势强、品质好地面可种植耐阴蔬菜或花卉，提高空间利用率便于生产管理，易于观光采摘。

吊柱式栽培采用比较轻便的 PVC 管材，草莓种植在管材四周按螺旋方向开的定植孔中，从管上部滴灌供液。此种栽培模式可有效利用空间，提高土地利用率，适宜于家庭阳台及庭院栽培。

（四）槽式栽

制作“A”字形钢架，分 3 层共 5 个管槽，槽内装有栽培基质，配备供液装置，可确保养分、水分和氧气的均衡供应。采用此种模式种植草莓，空间利用率高，草莓果实品质优良，方便田间作业和观光采摘。

（五）旋转栽

将立体栽培和景观设计相结合，塔式骨架搭配盆栽草莓，整个装置共 5 层，上窄下宽，极具观赏性。配备小型电机，使整个景观可以低速旋转，保证全部植株充分见光，正常生长，如同一个可旋转的“草莓树”。

草莓立体栽培应注意选择休眠浅、果个大、单注产量高、耐寒耐旱的优良品种；利用草炭、蛭石、珍珠岩、椰壳等合理配制基质；培育和利用无病虫害健壮大苗；合理密植；科学调配和施用安全有效营养液；严格温湿度调控；采用农艺措施、生物技术、无药残技术防治病虫害等。

四、阳台观赏栽培

草莓很适合阳台栽培，既可鲜食果实，又可美化环境，当绿叶、白花、红果、莓香在居室阳台上呈现，带给你的是何等的惬意享受！

草莓阳台栽植方法可参照上述的露地栽培方法。这里只介绍容器内栽培方法。

草莓盆栽应用较普遍。可根据具体条件可任意放置。更容易人为的创造适宜生长发育的条件。但因容器小，土壤量少，易受外界环境的影响，不好控制。所以盆栽具有独特的栽培方法。

（一）选择适合的容器

草莓栽培所利用的容器多种多样，长方形，方形，圆形，六边形等。可根据自己的喜好来选择。栽植株数多要选择大盆，栽的株数少则要小盆。一般采用陶瓷盆栽培，通气好，易排水，式样多，很适合草莓栽培。

（二）选择品种

要选择果大，品质好，果实艳丽，既可鲜食又可观赏的品种。近年来培育的红花观赏草莓用于阳台栽培，观赏性很强。

（三）土壤准备

取用含腐殖质多的土壤，取花园或树林下表层土，混合一部分田间土。或用菜园肥沃土与草炭土各半混合配成。还可用肥土、沙土各 1 份混合用。井施入少量复合肥。

（四）定植

选用壮苗，每株苗具 5 ~ 6 片叶。根茎适中，无病虫害。早春定植适在 4 月初，秋天应在 9 月初定植。室内栽培全年各季节均可。定植前在盆内装好培养土，土面距盆沿 3 ~ 4cm。浇透水，放置 2 天再将草莓苗栽入盆内。栽植方法是把草莓根系垂直，舒展栽在穴内。再用土压平。栽植深度以不埋心为宜，应和原来生长情况一致。栽后浇适量水。为使盆内温湿度稳定，可以用塑料袋套上盆。这样可减少水分蒸发，盆内温湿度比较稳定，有利草莓的生长。其他时间栽植时可以带土栽。成活率高。

（五）管理

日常管理要细，主要是水、肥和温度的管理。草莓定植后要经常浇小水，放在阴凉处保湿．不能过干过湿，经常保持盆内土壤湿润。在夏季，应早或晚上浇水。把盆放在阴凉处。有利草莓生长。盆栽草莓温度变化大，重点是冬、夏两季的低温和高温。北方冬季可把盆搬入室内，以提高温度。在夏季高温要把盆搬到阴凉处降温。盆栽草莓因土壤少，根系生长范围小。可施用有机肥水为主。如淘米水、洗鱼水等，装入玻璃瓶或透明塑料瓶内，放在阳光下 5 ~ 6 天即可使用。还可用腐熟的豆饼水和麻酱渣水浇施，用尿素，过磷酸钙，硫酸钾等化肥配成溶液，每 7 天浇一次，浓度不宜过大。

（六）换盆

草莓栽植 2 年后，可以用新苗来更换。或小盆换大盆重新栽植。盆内重新装入营养土，再把苗栽入，浇水。

（七）授粉

草莓虽然是自花授粉作物，但微风、昆虫作为花媒辅助授粉能够提高授粉率，减少畸形果，提高产量和观赏效果。所以，如果有条件，可先在有蜜蜂授粉的棚室中培养至授粉结束、果实开始膨大时再移至阳台延续管理，其效果更好。

第八章
草莓病虫草害防治技术

一、病害及其防治

（一）草莓褐色轮斑病

症状：受害叶片最初出现红褐色小点，逐渐扩大呈圆形或近椭圆形斑块，中央呈褐色圆斑，圆斑外为紫褐色，最外缘为紫红色，病斑交界明显，后期病斑上形成褐色小点，多呈不规则轮状排列。几个病斑融合在一起时，可使叶组织大片枯死。

防治方法：①选用抗病品种。②植前摘除病叶烧毁，并用70%甲基托布津500倍液浸苗20分钟，待药液晾干后栽植，可减少翌年发病菌源。③田间在发病初期开始喷洒2%农抗120水剂200倍液，或用70%甲基硫菌灵可湿性粉剂800倍液，或用40%多硫悬浮剂500倍液，或用27%高脂乳剂200倍液混75%百菌清可湿性粉剂600倍液每10天1次，连喷2、3次。

（二）草莓叶枯病

症状：叶枯病主要在春秋发病，叶上产生紫褐色无光泽小斑点，以后扩大成直径3～4mm的不规则形病斑，病斑中央与周缘颜色变化不大。病斑有沿叶脉分布的倾向，发病重时叶面布满病斑，后期全叶黄褐至暗褐色，直至枯死。在病斑枯死部分长出黑色小粒点。

防治方法：①选用杜克拉、章姬等抗病品种。②注意清洁田园，及早摘除老叶片，减少传染源；加强肥水管理，使植株生长健壮，但不要过多施用氮肥。③药剂防治，于秋季降温初期用25%多菌灵可湿性粉剂300～400倍液或50%苯菌灵2 000倍液，或用70%甲基托布津1 200倍液，或用70%代森锌可湿性粉剂600倍液，或用2%农抗120水剂200倍液喷布，隔7～10天喷1次都有好的防病效果，而且还能兼治其他病害。

（三）草莓“V”型褐斑病

症状：草莓“V”型褐斑病亦称草莓假轮斑病。此病在老叶上起初为紫褐色小斑，逐渐扩大呈褐色不规则形病斑，周围常呈暗绿或黄绿色。在嫩叶上病斑常从叶尖开始，沿中央主脉向叶基作“V”字形或“U”字形迅速发展，构成“V”形斑，故称“V”型褐斑病，病斑褐色，边缘浓褐色，病斑内可相间出现黄绿红褐色轮纹，最后病斑内全面密生黑褐小粒。一般1个叶片只有1个斑，与轮斑病相似。

防治方法：①选用甜查理、章姬、红美实、图得拉等抗病品种。②加强栽培管理，注意植株通风透光，温室中要适时、适量通风换气，防止湿气滞留，减少棚膜和叶面结露，用1%白面水剂喷洒在棚顶上，隔30天1次，可防止普通膜和防老化膜内表面产生水滴；不要单施速效氮肥，适度灌水，促使植株生长健壮；收获后及时摘除病老枯死叶片，集中烧毁。③药剂防治一般在发现零星病叶开始，可用50%速克灵800倍液，或用50%克菌丹或25%多菌灵300倍液，或用50~100倍的614抗生素，或用50%福美双、75%百菌清500~700倍液，或用波尔多液200倍液，或用65%代森锌可湿粉500倍液，或用70%甲基托布津1 000倍液，或用2%农抗120水剂200倍液充分喷洒，5~7天1次，一般喷2、3次效果较好。采收前5天停止用药。

（四）草莓蛇眼病

症状：大多发生在苗田老叶上，病斑初期为暗紫红色，中央褪为灰白色或灰褐色，具紫红色轮纹，病斑表面生白色粉状霉层，酷似蛇眼。病斑发生多时，常融合成大型斑。

防治方法：①选用抗病品种甜查理、红美实、杜克拉、卡尔特一号、丰香、章姬等。②及时清理田园，被害叶片集中烧毁；定植时汰除病苗。③发病初期喷淋70%代森锌可湿粉剂350倍液、77%可杀得可湿性微粒粉剂500倍液、14%络氨铜水剂300倍液、75%百菌清可湿粉剂500倍液、30%绿得保悬浮剂400倍液喷布。10天1次。

（五）草莓白粉病

草莓白粉病是草莓主要病害之一，能危害草莓叶片、花和花蕾及果实等多种器官。辽宁省东港市1997年全市有30多座温室草莓因白粉病危害而绝收。多年来草莓白粉病以温室发生最重，但近年来由于夏秋季节缺雨干旱，大多数草莓育苗田也发生白粉病，这对冬季温室草莓生产形成了很大的发病隐患。草莓品种间对白粉病的抗性有很大差异，杜克拉、图得拉、甜查理、卡尔特一号、宝交早生、哈尼等品种抗性较好，丰香、幸香、红颜抗性较差，章姬、鬼怒甘、枥乙女等品种属中抗品种。温室生产时尽量选用抗病品种，如果栽培不抗病品种就要格外注重预防草莓白粉病的发生。

草莓白粉病的防治除要选择抗病品种外，还应采取如下措施：①清理干净棚内或田间的上茬草莓植株和各种杂草后再定植。②硫黄熏蒸预防发病技术。日本之所以目前不抗白粉病的草莓品种丰香、女峰、章姬、鬼怒甘等面积仍然很大，主要采用的是硫黄熏蒸技术抑制了白粉病的危害。硫黄熏蒸技术是在棚内每100m^{2}安装一台熏蒸器，熏蒸器内盛20g含量99%的硫黄粉，在傍晚大棚盖帘后开始加热熏蒸。隔日1次，每次4小时，其间注意观察，硫黄粉不足时再补充。熏蒸器垂吊于大棚中间距地面1.5m处，为防止硫黄气体硬化棚膜，可在熏蒸器上方1m处高设置一伞状废膜用于保护大棚膜。此种方法对蜜蜂无害，但熏蒸器温度不可超过280℃，以免二氧化硫对草莓产生药害。如果棚内夜间温度超过20℃时要酌减药量。③不要过量施用氮肥和栽植密度过大，果农之间尽量不要互相“串棚”，避免人为传播。发现病蔓、病果要尽早在晨露未消时轻轻摘下，装进方便袋烧掉或深埋。

苗田和棚室草莓现蕾前一旦发病，可选用世高、萃贝、仙生、粉锈宁、腈菌唑、福星、阿米西达、辉丰使百克、武夷菌素等药剂防治。施药时，要注意防止药量过大对草莓产生药害，还应几种农药交替使用，以避免白粉病菌对单一农药产生抗药性。

棚室草莓覆盖棚膜现蕾后，主要依靠硫黄电热熏蒸方法防治草莓白粉病，此项技术比常规施药防治方法节省成本、减少劳力和劳动强度、防效明显，增产增效明显。根据技术研发单位中国农业科学院植保所、辽宁省东港市草莓研究所2003年调查资料，每台硫黄熏蒸器覆射面积100m^2、每日熏蒸2小时，延用150天进行如下分析（表8-1）。

表8-1 电热硫黄熏蒸技术经济效益分析表（单位：元/亩）

方法	投入（元）					增产(kg)	增值(元/亩)	投入产出比
	电费	农药	药械	人工	合计			
电热熏蒸	(50V×2小时×6台×150天×0.8/W) 72	(1kg×10元) 10	(60元/个，5年折旧) 12	160	254	912	10 940	1:43
常规药防		260（三种以上药，10天一次）	30（喷雾器150元/台，5年折旧）	600（15次×0.5天×80元/天）	890			

注：草莓售价按12元/kg计算，增产量参照2003年示范三点平均值。

此项技术自1999年研发，到2002年小面积示范，2003年始全力开发推广。期间中国农科院植保所曹坳程研究员、袁会珠博士、沈阳农业大学雷家军教授、日本专家斋藤明彦等先后多次与笔者等科技人员进行试验、调查、现场指导、举办专门技术培训，通过国内外科技人员的共同努力，仅辽宁省丹东地区自2003年至2011年共推广应用电热硫黄熏蒸防治草莓白粉病面积126 160亩，增产草莓115 038t、增加社会效益138 571万元（表8－2）。

表8－2　电热硫黄熏蒸防治白粉病面积效益

年度	应用面积（亩）	增产草莓（吨）	当年草莓价格（元/吨）	增加效益（万元）
2002	10	9	8 000	7
2003	150	137	9 000	123
2004	1 000	912	9 000	821
2005	5 000	4 560	10 000	4 560
2006	8 000	7 296	10 000	7 296
2007	12 000	10 944	11 000	12 038
2008	17 000	15 504	11 000	17 054
2009	23 000	20 976	12 000	25 171
2010	28 000	25 536	12 000	30 643
2011	32 000	29184	14 000	40 858
合计	126 160	115 058		138 571

另外，此项技术自2006年以来也在全国推广，据估测，全国目前应用面积愈50万亩，年增产优质草莓50万吨、增加社会效益50亿多元。

电热硫黄熏蒸防治草莓白粉病技术注意事项：

选择正规厂家生产，有产品质量标准，功率在80W左右、温度控制130～150℃、经试验性能安全稳定的熏蒸器。

选择纯度高（99.5%以上）正规厂家生产的硫黄粉，硫黄装钵不能超过容积80%，以免加热溢出。

熏蒸器覆射面积不能大于120m^2。

熏蒸挂吊居中，高度150cm；每日熏蒸时间不可超过5小时。

安全设置电源线及开关，确保操作安全。

（六）草莓炭疽病

炭疽病是草莓苗期和花果前期重要病害，是目前世界性草莓病害第一杀手。

不可不防，不可不重防。

症状：明显特征是草莓植株叶片受害可造成局部病斑和全株萎蔫枯死。茎叶上病斑一般长 3 ~ 7mm，黑色，纺锤形或椭圆形，溃疡状，稍凹陷。

防治方法：①选用抗病品种。②在为种植草莓或土壤消毒过的田地育苗；栽植不宜过密，氮肥不宜过量，施足有机肥和磷钾肥，扶壮株势，提高植株抗病力；及时清除病残物。③用“阿米妙收”、“炭息”和“辉丰使百克”（或“应得”、“阿米西达”）农药间隔 7 天喷施一遍，三种农药轮换喷施，直至栽苗时为止。

（七）草莓黄萎病

症状：初侵染外围叶片、叶柄产生黑褐色长条形病斑，叶片失去生气和光泽，从叶缘和叶脉间开始变成黄褐色萎蔫，干燥时枯死。新嫩叶片感病表现无生气，变灰绿或淡褐色下垂，继而从下部叶片开始变成青枯状萎蔫直至整株枯死。病株死亡后地上部分变黑褐色腐败。当病株下部叶子变褐色时，根便变成黑褐色而腐败。有时植株的一侧发病，而另一侧健康，呈现所谓“半身凋萎”症状。

防治方法：①实行 3 年以上轮作制，避免连作重茬；清除病残体，及时销毁。②利用垄鑫、溴甲烷、氯化钴或太阳能土壤消毒。③栽种无病健壮苗。无病母株可采用空间采苗方式获得。即在匍匐茎的先端着地以前就切取，插入无病土壤中，使其生根，作为母株利用育苗即可。④移栽时用 20% 苯来特 1 000 ~ 2 000 倍液，或用 70% 甲基托布津 300 ~ 500 倍液浸根或栽后灌根。

（八）草莓枯萎病

症状：草莓枯萎病多在苗期或开花至收获期发病。初期仅心叶变黄绿或黄色，有的卷缩或呈波状产生畸形叶，致病株叶片失去光泽，植株生长衰弱。老叶呈紫红色萎蔫，后叶片枯黄，最后全株枯死。枯萎与黄萎相近，但枯萎心叶黄化、卷缩或畸形，主要发生在高温期，别于黄萎病。

防治方法：①选用优良品种。适于保护地栽培的有丰香、春香、宝交早生等。②采用无病毒苗木，对秧苗进行检疫，建立无病苗圃；栽植草莓田与禾本科作物进行 3 年以上轮作，如能与水稻等水田轮作，效果更好；提倡施用酵素菌沤制的堆肥；发现病株及时拔除集中烧毁，病穴用生石灰进行消毒。③药剂防治：重茬田于定植前每 100m^2 用氯化苦 3 升打眼熏蒸消毒，施药后以塑料薄膜覆盖，7 天后种植；用 70% 甲基托布津 300 ~ 500 倍液浸苗 5 分钟后再定植，或用药液灌根消毒；发病初期用 50% 多菌灵可湿性粉剂 600 ~ 700 倍液，或用 70% 代森锰锌 500 倍液，50% 苯菌灵可湿性粉剂 500 倍液喷淋茎基部，隔 15 天左右 1 次，共防5次或者6次。

（九）草莓灰霉病

症状：在草莓上主要侵害叶和果实。在叶上发生时，病部产生褐色或暗褐色水渍状病斑，有时病部微具轮纹。干时褐色干腐，湿润时叶背出现乳白色绒毛状菌丝团。果实被害时最初出现油渍状淡褐色小斑点，进而斑点扩大，全果变软，上生灰色霉状物，为病原菌分生孢子梗与分生孢子。另外，病菌还能在被害植株上形成扁平形，或不正形黑色鼠粪状的菌核。

防治方法：①选用抗病品种。②控制施肥量、栽植密度和田间湿度，进行地膜覆盖，以地膜全部覆盖地面为好，防止果实与土壤接触并防止土壤中水分蒸发所导致空气湿度增加；及时摘除老、病、残叶及感病花序，剔除病果。③花序显露到开花前喷等量式波尔多液200倍液、多氧霉素可湿性粉剂500～600倍液、敌菌丹可湿性粉剂700～1 000倍液、抑菌灵可湿性粉剂500～800倍液、克菌丹可湿性粉剂800倍液、敌菌灵可湿性粉剂600倍液等，每10天1次，直至大批果实采收结束。也可喷50%速克灵800倍液或50%施佳乐600～800倍液等，或花前喷500倍65%代森锌可湿性粉剂。④注意选择茬口实行轮作，定植前深耕，提倡高畦栽培，药剂处理土壤，定植前每公顷撒施25%多菌灵可湿性粉剂75～90kg后耙入土中防病效果好。保护地栽培可用45%百菌清烟薰剂3～3.75kg/hm^{2}或速克灵烟熏剂灭菌。

（十）草莓腐霉烂果病

症状：贴地果和近地果实容易发病，病部初呈水渍状，熟果病部略褐色后常呈现微紫色，病果软腐，果面长满浓密的白色棉状菌丝，叶柄、果梗也可受害变黑干枯。

防治方法：①选择背风向阳干燥地块种植草莓，苗床栽前可用氯化钴等进行土壤消毒早期及时摘除病果，放如塑料袋内带到棚外处理。②药剂防治：可喷洒15%庄园水剂200倍液，或用2%农抗120水剂200倍或69%安克锰锌可湿性粉剂1 000倍液，或用15%恶霉灵水剂400倍液，一般防治2、3次即可收到较好效果。

（十一）草莓疫霉果腐病

症状：主要危害果实。从开花期至成熟期均可染病，青果被害，生淡褐色水烫状斑，并迅速扩大蔓及全果，果实变为黑褐色，后干枯硬化，似皮革，故亦称为革腐病。成熟果染病稍褪色失去光泽，白腐软化，呈水浸状，似开水烫伤。

防治方法：①加强栽培管理。低洼积水地块注意排水，高畦做床，合理施肥，不偏施氮肥；实施检疫，不在疫区病田育苗和定植。②药剂防治：病田在定植前用氯化苦每公顷195～300L做土壤熏蒸消毒。定植时用苄腐灵浸根，生长期发病初期用25%甲霜灵可湿性粉剂1 000～1 500倍液，或用代森锰锌、百菌清、克菌丹500倍液，或用72%克抗灵可湿性粉剂800倍液，或用35%瑞毒霉、69%安克锰锌可湿性粉剂1 000倍液，或用25%多菌灵300倍液喷雾，每隔10天左右1次，连续3、4次。采收前3天停药。

（十二）草莓芽枯病

症状：主要危害蕾、新芽、托叶和叶柄基部。蕾和新芽染病后逐渐萎蔫，呈青枯状或猝倒，后变黑褐色枯死。也可引起苗期立枯，成株期茎叶腐败、根腐和烂果等。植株基部发病在近地面部分初生无光泽褐斑，逐渐凹陷，并长出米黄色至淡褐色蛛巢状菌丝体，有时能把几个叶片缀连在一起。茎基部和根受害皮层腐烂，在上部干枯容易拔起。被害果病部表面出现暗褐色不规则形斑块、僵硬，最终全果干腐，故又称草莓干腐病。温度高时可长出上述菌丝体，已着色的浆果发病，病部变褐，其外围常发生较宽的褐色白带，红色部分略转胭脂红色，色彩对比强烈鲜艳，引起湿腐或干腐，但不长灰色霉状物，是与灰霉果腐病区别之处。

防治方法：①提倡施用酵素菌沤制的堆肥；不要在病田育苗和采苗应选择未种植草莓的田地或经土壤消毒的田地育苗。②合理密植，防止过密栽培。栽植不可埋土过深，应“上不埋心、下不露根”为宜；大棚和温室保护地栽培草莓要适时适量放风；合理灌溉，浇水宜安排在上午，浇后迅速放风降湿，防止湿气滞留，并尽量增加光照。③药剂防治：草莓缓苗后开始喷淋有效霉素600倍液，或用10%立枯灵水悬剂300倍液，或用10%多抗霉素可湿性粉剂500～1 000倍液，7天左右1次，共喷2、3次。④芽枯病与灰霉病混合发生时，可喷洒50%速克灵可湿性粉剂2 000倍液，或用65%甲霉灵可湿性粉剂800倍液。采收前3天停止用药。

（十三）草莓青枯病

症状：该病主要发生在定植初期。初发病时下位叶1、2片凋落、脱落，叶柄下垂似烫伤状，烈日下更为严重。夜间可恢复，发病数天后整株枯死。根部受害，地上部叶柄呈紫红色，基部叶片先凋萎脱落，然后全株枯死。将根冠纵切，可见根冠中央有明显褐腐败现象。被害植株的根横切面维管束内有乳浊状液体溢流出。一般生育期间发病甚少，一直到草莓采收末期，青枯现象才再度出现。

防治方法：①严禁用罹病田做育苗圃，草莓定植时使用无病壮苗栽植；加强栽培管理，施用充分腐熟的有机肥或草木灰，调节土壤pH值；用氯化钴或生石灰进行土壤消毒，不在茄科蔬菜茬栽种草莓。②药剂防治，定植时用青枯拮抗菌MA－7、NOE－104浸根；或于发病初期开始喷洒（或灌）72%农用硫酸链霉素可溶性粉剂或4 000倍液，或用14%络氨铜水剂350倍液，50%琥胶酸铜可湿性粉剂500倍液，30%绿得保悬浮剂400倍液等，隔10天左右1次，连续防治2～3次。采收前3天停止用药。

（十四）草莓红中柱根腐病

症状：该病又叫红心根腐病、红心病、褐心病，常见有急性萎凋型和慢性萎缩型两种。急性型多在春夏两季发生，从定植后到植株生长期间，在外观上显不出有异常现象，特别是久雨初晴后叶尖突然凋萎，不久呈现青枯状，引起全株迅速枯死。慢性型定植后至冬初均可发生，下部老叶叶缘变紫红色或紫褐色，逐渐向上扩展，全株萎蔫或枯死。检视根部可见根系开始都由幼根先端或中部变成褐色或黑褐色而腐烂，后中柱变红褐腐朽，继而扩展到根颈，病株易拔起。定植后在新生的不定根的中间部位表皮坏死，形成1～5cm长红褐色梭形长斑，病部不凹陷，病健交界明显。严重时，病根木质部及髓部坏死褐变，整条根干枯地上部叶片变黄或萎蔫，最后全株枯死。

防治方法：①选用抗病品种。如宝交早生、杜克拉、图得拉、卡尔特一号都较抗病。②选用无病地育苗，实行轮作倒茬，草莓田要实行4年以上的轮作；采用高畦或起垄栽培，尽可能覆盖地膜，有利于提高地温减少发病。雨后及时排水，严禁大水漫灌。③采用氯化钴进行土壤消毒。也可在草莓采收后，将田间的草莓植株全部挖除干净后施入大量有机肥，深翻土壤灌足水后在炎热高温季节地面用透明塑料灌膜覆盖20～30天，利用太阳能使地温上升到50℃左右，起到土壤消毒作用。④药剂防治：发现病株后及时挖除，并浇灌58%甲霜灵锰锌可湿性粉剂或72%霜脲锰锌可湿性粉剂800倍液等连续防治2次或者3次。采收前5天停止用药。

（十五）草莓线虫病

症状：草莓受线虫危害使植株生命力降低，易受真菌、细菌等病原物的侵染，其中细长针线虫、裂尾剑线虫还可传播病毒。主要症状大体上可归纳为矮化、变形、变色、枯叶、衰弱等几个类型。各种根腐线虫在根部侵染，到一定程度时，地上部表现衰弱和退化症状，可使根部组织受到不同程度的破坏、腐烂或根结。

防治方法：①选择无病区育苗并严格实施检疫，注意轮作倒茬；因为淹水能传播线虫，所以应避免苗田淹水，或大水漫灌。消除田间野生寄主如三叶草、狗尾草、黑麦草、风车草、蕨麦、苜蓿等。②栽前用垄鑫、溴甲烷、氯化钴熏蒸处理土壤，或用3%呋喃丹颗粒剂每公顷45～75kg撒施，撒施之后锄入土中5～10cm，栽后浇水。用热水处理秧苗，即将秧苗在35℃水中预热10分钟，然后放在45～46℃热水中浸泡10分钟，提出冷却栽植；定植时用90%敌百虫晶体300倍液浸根，缓苗后用敌百虫300倍液喷洒或灌根3～4次，每次间隔7～10天。③用40%棉隆可湿性粉剂1.0～1.5kg拌10～15kg细土沟施或撒施覆盖无病土，15天后栽苗。

(十六) 草莓病毒病

世界上已知可在草莓上发生的植物病毒多达数十种。经中国果树所等检测，国内主要有草莓斑驳病毒、草莓镶脉病毒、草莓轻型黄边病毒、草莓皱缩病毒等四种病毒病危害严重。

草莓病毒病可由多种病毒单独或复合侵染引起。草莓感染病毒后，特别是感染单种病毒，大多症状不显著，或者难以看出什么病状，称为隐症；而表现出症状者多为长势衰弱、退化，如新叶展开不充分，叶片小型化，无光泽，叶片变色，群体矮化，坐果少，果形小，产量低，生长不良，品质变劣，含糖量降低，含酸量增加，甚至不结果。复合感染时，由于毒源不同，表现症状各异，植株大都明显矮化，叶片缩小，畸形扭曲，叶面皱缩翻卷，叶色褪绿，幼叶黄色斑驳，边缘褪绿，后逐渐变为红色，终至枯死。草莓病毒病主要由种苗携带、嫁接和蚜虫等昆虫传播感染。

防治方法：利用脱毒组培种苗，严格防治蚜虫和全体线虫，倒茬轮作，发现病株立即拔除。

二、虫害及其防治

(一) 蝼蛄

蝼蛄俗称拉拉咕，为多食性害虫，食害草莓主要是把幼根和根茎咬断，使植株凋萎死亡。

形态特征：华北蝼蛄体长36～55mm，黄褐色，前胸背板卵圆形，中央有一显著的长心脏形凹陷斑，腹部近圆形，前足腿节内侧弯曲，缺刻明显。后足胫节背面内侧有1根刺或无。东方蝼蛄成虫体长30～35mm，灰褐色，腹部近纺锤形。前足腿节内侧外缘较直，缺刻不明显，后足胫节背面内侧有刺3～4根。

发生规律：成虫或若虫在地下越冬，其深度为冻土层以上。第二年3月下旬到4月上旬向上移动，至4月上中旬进入表土层窜成许多隧道进行活动和取食为害。5—6月为危害高峰期，6月下旬至8月上旬为蝼蛄越夏产卵期，到9月上旬以后大批若虫和新羽化的成虫从地下 14cm 的土层，上升地表活动，形成秋季危害高峰。

防治方法：用毒死蜱土面撒施，或用 90% 晶体敌百虫 800 ~ 1 000倍液喷雾。也可利用佳多频振式杀虫灯诱杀成虫。

（二）小地老虎

小地老虎在草莓上主要以幼虫危害近地面茎顶端的嫩心、嫩叶柄、幼叶及幼嫩花序和成熟浆果。3 龄以后可咬断近地面的根茎部，造成死苗。

形态特征：成虫体长 16 ~ 23mm，翅展 48 ~ 50mm。头部与胸黑灰褐色，有黑斑，腹部灰褐色。颈板基部、中部各有一黑横纹。前翅棕褐色，沿前缘较黑。基线和内线均为黑色双线波浪形，剑纹小，暗褐色黑边；环纹小，扁圆形黑色；肾纹黑边，外侧中部有一黑色剑状纹，亚缘线微白、锯齿形，内侧有两个黑色剑状纹。卵扁球形，横径 0.6mm，纵径 0.4 ~ 0.5mm。初为淡黄色，孵化前为灰褐色。卵顶部到底部有 13 ~ 15 根长棱，中部纵棱 31 ~ 35 根，纵棱间有细横格。幼虫老熟幼虫体长 41 ~ 52mm，近圆筒形。体绿褐、暗褐至黑褐色，体表粗糙，布满黑色颗粒状斑点。臀板黄褐色，有 2 条深褐色纵纹。蛹长 18 ~ 24mm，黄褐色暗褐色，蛹外有土室。

发生规律：1 年发生 2 ~ 7 代，一般第 1 代对草莓危害重。幼虫食害草莓嫩尖、叶片、叶柄、极茎、匍匐茎、花、花蕾、花序、嫩果和熟果。

防治方法：（1）结合锄草进行人工捕杀；保护利用晚蟾蜍、青蛙、蜘蛛等天敌。（2）用毒死蜱土面撒施，或用 90% 晶体敌百虫 800 ~ 1 000倍液喷雾。（3）利用佳多频振式杀虫灯诱杀成虫。

（三）茶翅蝽

茶翅蝽又叫茶色蝽，成、若虫吸食叶、嫩梢及果实汁液，致刺吸点以上叶脉变黑，叶肉组织颜色变暗萎缩、枯死。刺吸草莓浆果易形成畸形果。

形态特征：成虫体长 12 ~ 16mm，宽 6.5 ~ 9mm，扁椭圆形，体为茶褐、淡黄褐或黄褐色，具黑刻点，或具金绿色或紫绿色光泽。触角为黄褐色。翅烟褐色，基部色深，淡黑褐色。腿部有锈色点，爪和喙末端黑色。端部脉纹的颜色亦较深。侧接缘黄黑相间，腹部腹面淡黄白色。卵圆筒形，直径约 0.7mm，初灰白色，孵化前黑褐色。若虫共 5 龄，初孵体长 1.5mm 左右，近圆形，2 龄约 5mm，头黑色，体淡褐色，腹部淡橙黄色，和腹节两侧间各有一长方形黑斑，共 8 对。5 龄体长 12mm，翅芽伸达第 3 腹节后缘，腹部茶褐色，其体形似成虫。

发生规律：年生 1 代，以成虫在屋檐下、墙缝里、树洞、土缝、石块下及草堆等处越冬。北方一般5月上旬陆续出蛰活动。

防治方法：(1) 人工捕杀：利用成虫喜欢在屋檐下、墙缝、石缝、草堆等处越冬的习性，进行人工捕杀或熏杀。(2) 成虫产卵盛期摘除叶上的卵块或若虫团。(3) 在成虫产卵期和若虫期喷洒25%溴氰菊酯乳油2 000倍液，10%氨旺乳油1 000～2 000倍液或15%虫可毙乳油1 500～2 000倍液喷雾或90%晶体敌百虫800～1 000倍液，或用20%速灭杀丁乳油、功夫乳油2 000倍液，或用20%灭扫利乳油2 000倍液，或用50%乐果乳油1 000倍液。采收前7天停止用药。

(四) 麻皮蝽

麻皮蝽又叫黄斑蝽，主要为害特点是成虫和若虫刺吸叶、果实及嫩梢。

形态特征：成虫体长18～24mm，宽8～11mm，体稍宽大黑褐色，密布黑色点刻和不规则细碎黄斑。背部为棕黑褐色，头两侧有黄白色的脊边，复眼黑色。触角5节，黑色、丝状。前胸背板前侧缘具黄色窄边，前侧缘前半部略呈锯齿状，侧角三角形，略突出。腹部腹面中央有凹下的纵沟。足基节间褐黑色，跗节端部黑褐色，具1对爪。卵近鼓状，顶端具盖，周缘有齿，灰白色。不规则块状，数粒或数十粒黏在一起，排列整齐。若虫初孵时近圆形，白色，有红色花纹，常头向内群集在卵块周围，2龄后分散危害，老熟若虫与成虫相似。体红褐色或黑褐色，体长6mm，头端至小盾片具1条黄色或微现黄红色细纵线。触角4节，黑色，第4节基部黄白色。足黑色。腹部背面中央具纵裂暗色大斑3个，每个斑上有横排淡红色臭腺孔2个。

发生规律：此虫在北方1年生1代，以成虫于草丛或树洞、树皮裂缝及枯枝落叶下及墙缝、屋檐下越冬。翌春草莓或果树发芽开始活动。

防治方法：①秋冬清除杂草，集中烧毁和深埋；成虫、若虫为害期清晨震落捕杀，在成虫产卵前进行较好。②若虫发生期喷药防治，速灭杀丁乳油2 000倍液，或用灭扫利乳油2 000倍液，或用50%乐果乳油1 000倍液，或用15%虫可毙乳油1 500倍液或2.5溴氰菊酯乳油2 000倍液。

(五) 大青叶蝉

大青叶蝉以成虫和若虫危害，将刺吸式口器刺入叶片内吸汁液，受害叶片褪色，有时叶片卷起，畸形，甚至整株死亡。

形态特征：成虫体长7～10mm，雌体略大。体为青绿色，头为淡褐色，复眼黑色，有光泽。头部背面有2个单眼，两单眼之间有2个多边形黑斑。颊区在唇基缝处有小蒲黑斑1块。触角窝上方也有1块黑斑，后唇基侧缘、中央的纵纹和两侧的弯曲横纹黑色。头的前部左右各有1组淡褐色弯曲横纹。前胸背板前缘黄色，其余部分为深绿色。小盾片淡黄绿色，中间有 1 个横刻纹。前翅蓝绿色，前缘色淡，翅的外端灰白色。后翅烟黑色，半透明，腹部背面黑色。长卵形，长约 16mm，宽约 0.4mm，卵的中间稍弯曲。初产时为淡黄色，近孵化时灰白色，逐渐变为淡黄绿色，胸部、腹部背面有暗褐色纵纹 4 条，外形似成虫，仅翅尚未发育完全。

发生规律：此虫在各地世代数不同，在北方以卵在果树及林木枝干皮层下越冬，越冬卵 4 月孵化，第一代成虫 5 月中、下旬出现。5 至 11 月田间均可见此虫的危害。此虫早晚多潜伏不动，中午高温时比较活跃。

防治方法：①保持田园清洁，铲除田边地头杂草，及时清理田间枯枝落叶，减少一部分虫源。②药剂防治：用 50% 叶蝉散乳油 1 000 ~1 500倍液，或用 20% 扑虱灵乳油 1 000倍液，或用 50% 乐果乳油 800 ~1 000倍液，或用 90% 晶体敌百虫 800 ~1 000倍液或 2.5% 溴氰菊酯乳油 2 000倍液；诱杀成虫：利用此虫的趋光性，在有条件地区设佳多频振杀虫灯、黑光灯诱杀成虫。

（六）草莓粉虱

主要以若虫和成虫吸取寄主植物的汁液，被害叶片褪色、变黄、枯萎、甚至死亡。除直接危害外，还能分泌大量蜜露，污染叶片和果实，引起煤污病，同时还可传染病毒病。

形态特征：成虫体长 1 ~1.5mm，体黄色，覆白色蜡粉，具翅 2 对。停息时双翅在体上合成尾脊状如蛾类，翅端半圆状，遮住整个腹部，沿翅外缘有一排小颗粒。卵长椭圆形约 0.2mm，黏附于叶背。初产淡黄色，覆有蜡粉，而后渐变褐色，孵化前呈黑色。若虫：长椭圆形，淡黄色或淡绿色，体表具有长短不一的蜡丝。

发生规律：以各种虫态在保护地内越冬或继续危害，成虫对黄色有强烈的趋性。不善飞，一般群集在叶背面。成虫具有趋嫩性，因此在植株上部成虫量大。平均每头雌虫产卵 150 粒，幼虫孵化后，先爬行活动数小时，当找到适当取食场所后，便将口针插入组织内，取食汁液进行危害。

防治方法：①清除前茬作物的残株和杂草，对温室进行熏蒸灭虫。②药剂防治：用 10% 扑虱灵乳油 1 000倍液，或用 25% 灭螨猛乳油 1 000倍液，或用 21% 灭杀毙 4 000倍液，或用 2.5% 天王星乳油 3 000倍液，或用 2.5% 功夫乳油 4 000倍液，或 20% 灭扫利乳油 2 000倍液喷洒，有较好效果。③设置黄粘板：利用成虫趋黄性，设黄粘板诱杀成虫。

（七）桃蚜

此虫以成蚜、若蚜吸收植物汁液，影响植株正常发育。在草莓抽蕾始花期大批桃蚜迁入草莓田，群聚花序和嫩叶、嫩心和幼嫩蕾上繁殖取食刺吸汁液，造成嫩头萎缩，嫩叶皱缩卷曲、畸形，不能正常展叶，并可传播病毒，为害严重。

形态特征：成虫有翅胎生雌虫体长 1.6～2.1mm，无翅胎生雌蚜体长 2～2.6mm，体色多变。头胸部黑褐色，腹部绿、黄绿、褐、赤褐色。体表粗糙，第 7～8 节有网纹。腹管细长。圆筒形端部黑色，额瘤显著。卵长约 1.2mm，长椭圆形，初为绿色，后变黑色有光泽。若虫体小似无翅胎生雌蚜，淡红或黄绿色。

发生规律：1 年发生 10～30 代，以卵态在桃树枝梢芽腋处越冬。翌年 3 月下旬开始孵化繁殖，4～5 月出现有翅迁飞蚜，迁至露地蔬菜及其他作物上，在草莓主要为害心叶和嫩头及蕾花序，经繁殖多代后，至 10 月间有翅蚜再飞回桃树上产生有性蚜，交尾后产卵越冬。

防治方法：（1）保护利用天敌。主要天敌有食蚜蝇、异色瓢虫、草蛉及蚜茧蜂等。（2）药剂防治：常用药剂有 50% 杀螟松 800～1 000倍液、42% 棉虫必杀乳油 1 000倍液、50% 抗蚜威 2 500倍液、2.5% 溴氰菊酯 3 000倍液或 25% 乐氰乳油 3 000倍液喷雾防治。

（八）草莓叶甲

草莓叶甲以成虫、幼虫在叶背面啃食叶片，可将叶片吃成孔洞或缺刻。严重时可将叶片嚼食殆尽；也可食害花瓣、花蕾及果肉，受害植株生长受到抑制甚至造成植株死亡。

形态特征：成虫体长 3.53～5.50mm，宽 1.82～2.35mm。体呈长方形，两侧近于平行，头、前胸及鞘翅均为黄褐色，全身密被灰白色短毛。头较小，埋入前胸内。触角 11 节，其长约为体长的 2/3。前胸背板中部具一倒三角形略隆起的无毛区域，此区前缘强烈加宽达于前角；中央两侧具分离的凹陷，其上被灰白色密毛。鞘翅基部宽于前胸背板，肩瘤显突，翅面刻点稠密粗大。足较粗壮，前足基节常开放，爪叉齿式。卵黄白色，圆球形，直径约 0.50mm，表面有网状纹，初产时为鲜黄色，一般由 4～24 粒组成卵块，排列整齐。幼虫体长 0.8～6.5mm。老熟幼虫 6mm 左右，头部、前胸背板及胸足黑色，胸部各节两侧各有 1 个大毛瘤，腹部各节具大小不等的黑色毛片。臀板黑色。裸蛹，黑褐色，长 3.5～5.0mm。腹部两侧具瘤养突起，其上着生 2～3 根刚毛，背中央具浅灰色纵沟，腹部末端有一叉状突。老熟幼虫将最后一次皮蜕下，使其粘于叶片背面与蛹末端，使蛹体倒垂于叶背。

发生规律：草莓叶甲在辽宁省 1 年发生 3 代。以成虫在土表层 6～8cm 处及枯枝叶下越冬。翌年 4 月中旬左右，日均温在 9.9℃以上时，越冬成虫出土活动，

4月下旬至5月上旬为越冬成虫的活动盛行期。越冬成虫出土后，即开始取食、补充营养，随后可交配、产卵。6月上、中旬是第一代幼虫的为害高峰期。由于草莓叶甲成虫寿命及产卵期较长，各世代发育不整齐，因此，自第二代卵出现后即有世代重叠现象。10月中旬当日均气温在9.2℃以下时，成虫入土越冬。此虫为害期较长，自4月上旬至10月中旬田间均可见到其危害。

防治方法：用90%晶体敌百虫1 500倍液，或用15%虫可毙乳油1 500倍液，或用2.5%溴氰菊酯乳油2 000倍液，或用90%晶体敌百虫1 000～2 000倍液效果也好。

（九）苹毛丽金龟

在草莓上主要是春季危害花蕾、嫩叶，对花尤为嗜食。可把嫩蕾、花及嫩心叶食成碎状。

形态特征：成虫体小型，卵圆形，背腹面较扁平。雄虫体长约10mm，雌虫体长约11mm。头胸背面黑褐色，全体淡棕黄色有绿或紫色光泽，前胸背板多点刻，密被绒毛，前缘内弯，侧缘弧状外弯，后缘中央后弯。唇基长大，前缘略上卷，复眼黑色。触角9节，鞘翅茶色或黄褐色，微泛绿光，半透明，可透视后翅折叠的“V”字形，鞘翅上有排列成行的刻点。腹部两侧有黄白色毛丛。前足胫节有2齿。幼虫体长12～16mm，体乳白色，头黄褐色。卵椭圆形，长1.6～1.8mm，初产时乳白色，渐变黄白色。蛹体长14～16mm，深黄至深红褐色，背中线明显。

发生规律：苹毛丽金龟每年发生1代，秋天成虫羽化后蛰伏在土下越冬。3～5月间，当地表温度达12℃，平均气温达10℃以上时，成虫大量出土，特别是雨后出土更多，都集中到草莓和这些林木果树上取食为害。交尾后的成虫钻入10～20cm的土层里产卵，经过20天左右孵出幼虫，就近取食草莓等植物根。

防治方法：①成虫发生期间，清除田间堆积的垃圾或杂草，减少发病场所，施用彻底腐熟的农家肥；利用早晚气温低成虫不爱活动和其受振动的假死性人工捕杀。②药剂防治：用50%速灭威500倍液，或用25%西维因800～1 000倍液杀虫保花。

（十）小青花金龟

成虫喜食芽、花器、嫩叶及成熟有伤的果实，幼虫为害植物地下部组织。

形态特征：成虫体长11～16mm，宽6～9mm，长椭圆形稍扁，体色变化大，多为绿色或暗绿色，也有古铜微红及黑褐色，其上散布不规则白色绒斑。腹面黑褐色具光泽，体表密布淡黄色毛和点刻。头较小、长，眼突出，黑褐或黑色。前胸背板近梯形，前缘呈弧形，凹入，后缘近平直，两侧各有白斑 1 个。前胸和鞘翅暗绿色，鞘翅上散生多个白或黄白绒斑。鞘翅狭长，且内弯。腹板黑色，分节明显。各节有排列整齐的细长毛，腹部侧缘各节端具白斑。前足胫节外侧具 3 齿。卵椭圆形或球形。初乳白渐变淡黄色。幼虫体乳白色，长 32 ~ 36mm。头棕褐色或暗褐色，宽 2.9 ~ 3.2mm。蛹长 14mm，裸蛹，初淡黄白色，尾部后变橙黄色。

发生规律：每年发生 1 代，北方以幼虫越冬，翌年 4 月上旬出土活动，4 月下旬至 6 月盛发，雨后出土多。成虫白天活动，中午前后气温高时活动频繁，取食危害最重，多群集在花上，食害草莓花瓣、花蕊、芽及嫩叶，致落花。

防治方法：①人工防治：于成虫盛发期，组织人力捕杀成虫；清除田间及周围垃圾和杂草，减少发病场所，施用腐熟的农家肥。②药剂防治：可结合其他害虫进行，可用16% 顺丰 3 号乳油 1 500倍液。采收前 7 天停止用药。

（十一）黑绒金龟

黑绒金龟以成虫食害嫩芽、新叶和花器造成为害。

形态特征：成虫小型，体长 6 ~ 9mm，宽 5 ~ 6mm，体近卵圆形，体黑褐色至黑色，被黑褐色至黑色短绒毛，体表有丝绒状闪光。触角小，赤褐色，9 节，鳃片 3 节。鞘翅侧缘微弧形每鞘翅上各有 9 条刻点沟。卵椭圆形，长径 1 ~ 2mm，短径 0.8mm，初产时乳白色，有光泽，孵化前色泽变暗。幼虫老熟幼虫体长 14 ~ 16mm，头部黄褐色，头部前顶毛每侧各 1 根，触角基膜上方每侧有 1 棕红色单眼，胸部、腹部乳白色，多皱褶，被黄褐色细毛。蛹体长 8 ~ 9mm，黄色，头部黑褐色。末节略呈方形，两后角各有 1 个肉质突起。

发生规律：我国长江以北地区 1 年发生 1 代，以成虫在土中越冬。翌年 3 月中旬出土活动，4 月至 6 月为发生为害盛期，多群集为害，6—8 月为幼虫生长发育期。

防治方法：①利用成虫有较强的趋光性，喜食嫩牙、嫩叶和假死性，可利用杨、柳、榆嫩芽枝条蘸上 80% 敌百虫 100 倍液分插草莓田诱杀或利用佳多频振杀虫灯、黑光灯诱杀；利用成虫入土习性可在草莓植株周围撒施 5% 辛硫磷颗粒剂灭杀或佳多频振式杀虫灯。清除田间及周围垃圾和杂草，减少发病场所，施用腐熟的农家肥。②药剂防治：成虫发生量大时，可在草莓田喷施 90% 晶体敌百虫 800 ~ 1 000倍液，或用 2.5% 溴氰菊酯乳油 2 000 ~ 2 500倍液，或用 25% 西维因可湿性粉剂 1 000倍液喷雾。

（十二）东北大黑鳃金龟

东北大黑鳃金龟幼虫叫蛴螬，此虫在我国北方发生较大，是重要地下害虫之一。

形态特征：蛴螬体肥大，弯曲近“C”形，体长3～4cm，多为白色至乳白色。体壁较柔软、多皱，体表疏生细毛。头大而圆，多为黄褐色或红褐色，生有左右对称的刚毛。胸足3对，一般后足较长。腹部10节，臀节上生有刺毛。

发生规律：东北大黑鳃金龟在辽宁二年发生1代，成虫和幼虫交替越冬。成虫白天潜伏，晚间活动，成虫有假死性，雄虫趋光性强，雌虫趋光性弱。成虫喜食豆科或薯类叶片。

防治方法：①耕翻土地：秋季作物采收后，应及时进行秋翻，可将越冬的成虫、幼虫冻死、晒死，或被鸟捕食；施用充分腐熟的粪肥，可减轻蛴螬的为害。②药剂防治：在成虫盛行发期，用90%晶体敌百虫800～1 000倍液，或者用2.5%溴氰菊酯乳油3 000倍液喷雾。用90%晶体敌百虫，或用25%地虫灵微胶囊悬乳剂，每亩用0.1～0.15kg，加少量水稀释后拌细土15～25kg施入穴中。③人工防治：春季组织人力随犁拾虫，可降低虫量。草莓移栽后，如田间发现蛴螬为害，可逐株检查，捕杀幼虫。

（十三）古毒蛾

古毒蛾又叫褐纹毒蛾、缨尾虫，我国北方发生较多。以幼虫为害，幼龄幼虫主要食害嫩芽、幼叶，稍大后将叶片食成缺刻和孔洞，严重时将叶片食光。

形态特征：成虫雌蛾纺锤形，体长10～20mm，头胸部较小，体肥大，翅退化，仅有极小翅痕，体被灰黄色细茸毛，复眼球形，触角短，干黄色，足被黄毛，爪腹面有短齿；雄体长10～12mm，翅展25～30mm，体锈褐色，触角羽状，前翅黄褐色，有皮状纹，近臀角处有1白斑。卵圆形稍扁，直径0.9mm，白色或淡褐色，中央凹陷。幼虫老龄幼虫体长25～36mm，头黑褐色，体黑灰色，有红、白灰纹，腹面浅黄，胸、腹部有红色和淡黄色毛瘤，瘤上生黄色或黑色毛。前胸背板呈橘黄色，其两侧及第8腹节背面中央各有1对束状黑长毛，腹部第1～4节背面各有1浅黄色刷状毛丛，第1和第2节侧面各有1束黑长毛。蛹雄10～12mm，锥形；雌15～21mm，纺锤形，黑褐色，被灰白色茸毛。茧丝质较薄，灰黄色，上有幼虫体毛和碎叶等杂物。

发生规律：在北方年发生1～3代，以卵在茧内越冬。雌虫将在6月上、中旬孵化出幼虫，初孵幼虫2天后开始取食，多群集在幼芽、嫩叶上为害，幼虫可叶丝下垂并借风力传播。稍大分散为害，多在夜间取食，常将叶片吃光。

防治方法：①冬春人工摘除卵块灭杀；保护天敌，主要有小茧蜂、细蜂、姬蜂及寄生蝇等寄生性天敌50余种。②幼虫期药剂防治，发生初期用10%吡虫啉可湿性粉剂 1 500倍液，或用 2.5% 功夫菊酯乳油 2 500倍液，或用 2.5% 溴氰菊酯乳油 2 500倍液或 15% 速克毙乳油 1 500倍液，或用 20% 氰戊菊酯乳油 2 000倍液，或用 25% 灭幼脲 3 号 2 000倍液喷雾。

（十四）肾纹毒蛾

肾纹毒蛾又叫豆毒蛾，以幼虫为害，初孵幼虫群集于叶背啃食叶肉，吃光一片叶后再群集于它叶啃食。稍大后可将叶片吃成孔洞与缺刻严重者可将全叶吃光。

形态特征：成虫为中型蛾，雄蛾翅展 34 ~ 40mm，雌蛾 45 ~ 50mm。口器退化。体黄褐色，足深黄褐色。前翅内区前半部褐色，布白色鳞，后半部褐黄白色，横脉肾形，褐黄色，深褐色边，外线毛黄褐色。卵半球形，宽约 0.6mm，高 0.4mm，初产淡青绿色，渐变暗。卵成块状，常数十粒或百余粒排成 1 块。幼虫体长 35 ~ 40mm，头部黑色，体黑褐色，前胸背面两侧各有 1 黑色大瘤，上有向前伸的黑褐色长毛束，腹部第 1、第 2 节背面两侧各有 2 丛粗大的棕褐色竖毛簇，两侧各有 2 丛平展的褐色长簇。胸足黑色，上方白色，腹足暗褐色。蛹体长 21 ~ 24mm，宽 8 ~ 9mm。褐色，头、胸部黑褐色有亮光，背面和侧面头胸腹部都有幼虫期毛瘤痕迹，上生棕黄色绒毛。臀棘黑色、粗壮、指状，末端生许多小钩。茧淡褐色疏松，长 25 ~ 30mm，宽 12 ~ 17mm。

发生规律：4 月开始危害，幼龄幼虫群集为害，在叶背啃食叶肉，吃成罗网或孔洞，4 龄食量大增，5 ~ 6 龄暴食期每天可吃 1 ~ 3 片单叶。越冬代幼虫春季暴食期与草莓苗花期相遇，可以危害花和果实，对产量和品质均有明显影响，以后各代还可影响育苗质量。

防治方法：①人工防治：于产卵的盛期摘除卵块，或于幼龄幼虫群集为害时摘除虫团，集中处理，可压低虫量；用 90% 晶体敌百虫 800 ~ 1 000倍液，或用 2.5% 溴氰菊酯乳油，或用 20% 速灭杀丁乳油 2 500 ~ 3 000倍液，或用 25% 灭幼脲 3 号 2 000倍液喷雾。②生物防治：用杀螟杆菌（每克含 100 亿个活孢子），BT 乳剂 800 ~ 1 000倍液喷雾。

（十五）红棕灰夜蛾

红棕灰夜蛾又叫白下夜盗，以幼虫为害叶片，可将叶片吃成孔洞或缺刻，严重时全叶吃光。在草莓上多食害嫩梢、嫩蕾、花序和幼果，尤以春季受害严重。

形态特征：成虫体长 15 ~ 17mm，翅展 38 ~ 41mm。头部及胸部红棕色，腹部褐色。前翅红棕色，基线及内线隐约可见双线波浪形，剑纹粗短，褐色，环纹、肾纹椭圆形，不明显，外横线棕色，锯齿形，亚缘线微白，深棕色较粗；后翅褐色，基部色浅。卵半球形，宽 0.6 ~ 0.7mm，高 0.4mm。中部有约 50 条纵棱，棱间有细横线。初产淡黄色，后卵顶出现紫点，逐渐变紫褐色，卵成块状。幼虫老熟时体长 39 ~ 43mm，头褐色，全淡褐色至黄褐色。体两侧气门线淡黄色或白色。背线、亚背线及气门线均由 1 列小白圆斑组成。圆斑上均有黑边。蛹体长约 20mm，纺锤形，红褐色，腹末端有 1 对臀棘。

发生规律：此虫在辽宁 4 月下旬至 5 月上旬出现越冬成虫，5 月下旬至 6 月中旬及 8 月下旬至 9 月中旬是幼虫发生为害期。

防治方法：①设置佳多频振式杀虫灯或黑光灯。利用成虫趋光性，在有条件地区设置佳多频振式杀虫灯或黑光灯，诱杀成虫；人工摘除卵块或群集的幼虫。②药剂防治：用 90% 晶体敌百虫 800 ~ 1 000倍液，或用 20% 杀灭菊酯 3 000倍液喷雾，或用 25% 灭幼脲 3 号 2 000倍液，或用 15% 虫可毙乳油 1 500倍液，或 1.8% 爱福丁乳油 3 000倍液喷雾。

（十六）梨剑纹夜蛾

梨剑纹夜蛾国内大部分地区都有发生，是草莓上主要害虫之一。以幼虫危害叶片，叶片受害后造成的孔洞、缺刻，也可危害花蕾、花和幼果。

形态特征：成虫体长约 14mm，翅展约 40mm，头、胸暗灰褐色杂黑白色，前翅基线黑色，短粗暴；内横线黑色曲纹；环形纹灰褐色，有黑边，肾形纹淡褐色，自前缘脉有 1 黑条伸达肾状纹。在中脉处有一列三角形黑斑，缘毛白色。后翅棕黄色，外缘较暗。卵半球形，宽约 0.5mm，高约 0.55mm。卵面中部有纵棱。纵棱间有微凹横格。初产乳白色，孵化前暗褐色。幼虫为毛虫，体灰褐色，有斑纹，背面有一列黑斑，中央有橘红色点，亚背线有一列白点。老熟幼虫体长 28 ~ 33mm。初孵时灰绿褐色，被黑色长毛，2 龄起体色和毛色多变，大致可分为两类：黑头型，头部黑褐色微有光泽，体略显褐色，背线为黄白至枯黄斑点，腹面紫褐或灰棕线，胸足及腹足黑褐色。红头型：头部红赭至红褐色，光亮。体色和毛色都偏向红赭。同一个卵块孵出的幼虫可以兼具红头型、黑头型和许多中间型的幼虫。

发生规律：在我国 1 年发生 2 ~ 5 代。幼虫一般 6 个龄期，初孵幼虫喜群集叶剥食叶肉，3 龄时分散。在草莓上，5 ~ 6 龄幼虫暴食期间 1 头幼虫 1 天可食毁 1 ~ 3 个叶片。幼虫尤喜食蕾、花、花枝、果梗和嫩果，破坏性很大。

防治方法：①保护利用天敌。②人工防治：结合田间管理于卵或幼虫孵化盛期摘除卵块及幼虫团，并集中处理；灯光诱杀，可利用佳多频振杀虫灯及黑光灯诱杀成虫。③药剂防治：选用 90% 敌百虫 1 000倍液或 2.5% 敌杀死 3 000倍液，或用 10% 爱国乳油 2 000倍液，或用 25% 灭脲 3 号 2 000倍液喷洒防治。

（十七）棉褐带卷蛾

幼龄食害嫩叶、新芽、花和果实。幼虫可吐丝缀连叶片，潜居缀叶中食害，受害叶片呈纱状和孔洞，多雨腐烂脱落。

形态特征：成虫体长 6～8mm，翅展 13～23mm，黄褐或棕黄色。触角丝状，下唇须较明显前伸长。前翅略呈长方形，基斑、中带、端纹深褐色，后翅淡黄褐色微灰，中带由前缘的 1/2 处开始斜伸至后缘的 2/3 处，在翅中部有 1 分支伸向臀角，呈“h”形。腹部淡黄褐色，背面色暗。卵扁平椭圆形，径长约 0.7mm，淡黄色半透明，孵化前呈黑褐色，数十粒成块作鱼鳞状排列。幼虫老熟幼虫体长 13～18mm，细长，翠绿色，头小淡黄色，略呈三角形，头壳两侧单眼区上方有 1 黑褐色斑。低龄体淡黄绿色。蛹体长 9～11mm，较细长，初绿色后变黄褐色。3～8 腹节背面各有两横列刺突，前列刺突较粗，后列刺小而密，尾端有 8 根钩状臀刺，向腹面弯曲。

防治方法：①释放天敌，卵有松毛虫、赤眼蜂，幼虫有甲腹茧蜂、狼蛛、白僵菌等。卵和幼虫发生期放蜂，每代放蜂 3、4 次，间隔 5 天。平均每次放蜂约 2 万头，总放蜂量 7 万～8 万头；及时摘除卷叶。②灯光诱杀，利用佳多频振杀虫灯、黑光灯诱杀成虫。③药剂防治：越冬幼虫出蜇期及第一代卵孵化盛期后是施药的关键时期，可用 50% 杀螟松或 20% 绿马乳油 1 500倍液，10% 爱咗乳油 2 000倍液，30% 速克毙乳油 2 000倍液，2.5% 功夫或 5% 来福灵乳油、20% 速灭杀丁乳油 3 000～3 500倍液，2.5% 天王星乳油 4 000～5 000倍液，25% 灭幼脲 3 号 2 000倍液喷雾。采收前 9 天停止用药。

（十八）棉双斜卷蛾

幼虫孵化后钻入草莓嫩心间，吐丝缀连成松散虫包，食害嫩叶嫩心和幼蕾、嫩花序，也可食害幼果。嫩叶展开后呈现不规则洞孔，在蕾、花及幼果上可吃成洞孔或凹坑，并可食毁幼嫩花穗梗。

形态特征：成虫为小型蛾，金黄色，翅展 15～20mm。下唇须向前伸，末节下垂。前翅淡黄至金黄色，有光泽，雄蛾有前缘褶，翅面上有红褐色斜斑 2 条，顶角的端纹延伸到外缘；后翅雄为淡褐色，雌呈黄白色。褶腹背如屋脊形。卵扁平，淡黄白色，数粒至数十粒成块，鱼鳞状排列。孵化前色暗。幼虫绿色带紫，老龄幼虫体长 12～15mm，头部及尾部扁小，略呈纺锤形。头黄绿略带淡褐色发亮，前胸背板后缘两侧各有 1 斜菱形黑褐色纹，各节毛片及毛白色。

发生规律：在草莓上以春季第一代发生为害最重，幼虫吐丝将嫩头卷缀一起，潜居其间，取食时将头伸出咬食，可以咬断蕾、花、果梗及嫩叶柄，蛀食嫩果等，在成长叶片结成饺形虫包。幼虫一生要转包1～3次，为害2～3株草莓，破坏性极大，局部损失严重。

防治方法：①结合田间管理捏杀虫包中幼虫；保护利用天敌。②用25%杀虫双水剂400倍液，或用50%杀螟松1 000～1 500倍液，30%速克毙乳油1 500倍液喷雾。

（十九）大造桥虫

以幼虫食害叶片，初孵幼虫剥食正面表皮及叶肉，残留下表皮，形成网状纹，2龄后即吃成缺刻和孔洞，幼虫稍大后可将全叶吃光，严重时仅剩叶脉，也可食害蕾、花和幼果。

形态特征：成虫雌蛾体长15～17mm，翅展35～45mm，体色变异较大，一般淡灰褐色，散布黑褐及黄色鳞片。前翅暗灰带白色，杂黑色及黄色鳞片，底面银灰色。亚缘线、内、外横线黑褐色波状，中线较模糊，外缘线由半月形点列组成，前后翅有4个暗色星状纹，后翅颜色、斑纹与前翅相同，前后翅展开时各条纹相对应连接。卵长椭圆形，长约1.7mm，青绿色，孵化前为灰白色。幼虫老熟幼虫体长约40mm，圆筒形，具2对腹足，行动或静止时身体中间常拱起作桥状，故名造桥虫。头黄褐色，较大，头顶两侧有黑点1对。胸足褐色，腹足黄绿，端部黑色。

发生规律：大造桥虫1年发生3～4代，末代幼虫入土化蛹越冬。翌年4月份开始卵孵幼虫活动。

防治方法：①灯光诱杀：利用成虫趋光性，在有条件地区设置佳多频振杀虫灯或黑光灯，诱杀成虫。②药剂防治：选用90%敌百虫、或用50%伏虫灵乳油1 500倍液，或用20%杀灭菊酯乳油1 000～2 000倍液，或用25%灭幼脲3号1 500倍液喷雾防治。③生物防治：苏云金杆菌可湿性粉剂（含100亿个活孢子/g）500～1 000倍液喷雾。

（二十）小家蚁

草莓成熟后蚂蚁啃食果肉，先是一二头啃咬，后成群蚂蚁出动，轮回取食，最后将果实吃光，仅剩花萼，对草莓危害较严重。

形态特征：雌蚁：体长3～4mm，腹部较膨大。雄蚁：体短，2.5～3.5mm，营巢后翅脱落只剩翅痕。工蚁：体长2.2～2.4mm，淡黄至深黄褐色，有时带红色，腹部后部2～3节背面黑色。头胸部、腹柄结具微细皱纹及小颗粒。腹部光滑具闪光，体毛稀疏。触角12节、细长，柄节长度超过头部后缘。前中胸背面圆弧形，第一腹柄节楔形，顶部稍圆，前端突出部长些，第二腹柄节球形，腹部长卵圆形。蚁卵乳白色，椭圆形。

防治方法：诱杀工蚁，用0.13%～0.15%的灭蚁灵粉与玉米芯粉或食油拌匀，放在火柴盒里，每盒2～3g，每平方米放1盒，灭蚁灵虽然比较安全，但也有一定的毒性，不可随意加大用药量。为害严重的地方可用“灭蟑螂（甲由）蚂蚁药”，每15m^2用1～3管，每管2g，分放10～30堆，湿度大的地方，可把药放在玻璃瓶内，侧放，即可长期诱杀。

（二十一）二斑叶螨

为害初期，叶片正面出现若干针眼般枯白小点，以后小点增多，以致整个叶片枯白。

形态特征：雌螨：体长0.43～0.53mm，宽0.31～0.32mm，背面观为椭圆形。夏秋活动时期常为砖红或黄绿色，深秋时多变为橙红色，滞育越冬，体色变为橙黄色。雄螨：体长0.36～0.42mm，宽0.19～0.25mm，背面观略作菱形，远比雌螨为小，淡黄或淡黄绿色，活动较敏捷。阳具端锤弯向背面，微小，两侧突起尖利，长度几乎相等。卵直径0.12mm，球形，有光泽，乳白色半透明，3天后转黄色，随胚胎发育颜色渐加深，临孵化前出现2个红色眼点。幼螨：半球形，淡黄或黄绿色，足3对。若螨：体椭圆形，足4对，静止期绿或墨绿色。

发生规律：在草莓上每年一般只发生3～4代。二斑叶螨以雌螨滞育越冬，早春气温均温达5～6℃时越冬雌螨开始活动，6～7℃时开始产孵繁殖，卵期世代重叠。随气温升高繁殖加快。温暖干燥的环境下繁殖快，能在叶背拉丝躲藏。喜群集叶背主脉附近，并吐丝结网下为害，有吐丝下垂借风力扩散传播的习性。

防治方法：①消灭越冬虫源，清除越冬寄主杂草。②药剂防治：用5%尼索郎乳油或70%瑞泽螨特乳油2 000倍液，或用73%克螨特乳油2 000倍液，或用2.5%天王星2 000倍液，或用15%哒螨灵乳油2 000倍液。或胶体硫200倍液等喷雾。采前半月停止用药，并注意经常更换农药品种防止产生抗性。

（二十二）朱砂叶螨

以成螨和若螨在叶片背面刺吸汁液，发生多时叶片苍白，生长委顿，严重时叶片枯焦脱落，田块如火烧状。

形态特征：雌螨：体长约0.5mm，宽约0.3mm，卵圆形，红色，渐变锈红或红褐色。体两侧有黑斑2对，前1对较大，有时前1对大的黑斑可向后延伸，与体末的1对黑斑相连。足4对，无爪，足和体背有长毛。雄螨：呈菱形，比雌螨小，体色呈红色或淡红色，体长含喙约0.4mm，宽约0.2mm。卵圆球形，直径0.3mm，有光泽，无色至深黄色带红点。幼螨：长约0.15mm，近圆形，足3对。若螨：体长约0.2mm，足4对，体形及体色似成螨。

发生规律：东北1年可发生12代，4月下旬至5月下旬从杂草等越冬寄主迁入草莓田，首先在田边点片发生，再向周围植株扩散。在植株上则先为害下部叶片，再向上部叶片蔓延。高温低湿则发生严重，露地草莓以6—8月受害最重。朱砂叶螨在北方温室可全年繁殖为害。

防治方法同二斑叶螨。

（二十三）截形叶螨

若螨和成螨群聚叶背吸取汁液，使叶片呈灰白色或枯黄细斑，严重时叶片干枯脱落，影响生长，缩短结果期，造成减产。

形态特征：雌螨体长0.44mm，包括喙0.53mm，体宽0.31mm，椭圆形，深红色，足及颚体白色，体侧有黑斑。雄螨体长（包括喙）0.37mm，体宽0.19mm，体黄色，阳具柄部宽阔，末端弯向背面形成一微小的端锤，其背缘呈平截状，末端1/3处有一凹陷，端锤内角圆钝，外角尖利。

发生规律：一年发生10～20代，早春气温达10℃以上，越冬成螨即开始大量繁殖，多于4月下旬至5月上中旬进入草莓田，先是点片发生，随即向四周迅速扩散。在植株上先危害下部叶片，然后向上蔓延，繁殖数量过多时常在叶端群集成团，滚落地面，被风刮走，扩散蔓延。

防治方法同二斑叶螨。

（二十四）蜗牛

蜗牛靠舌头上的锉和舌头两侧的细小牙齿，磨碎植物的茎、叶或根。

形态特征：成贝体长30～36mm，灰黄或乳白色，具5层螺层。头部有长、短触角各1对；眼在后触角顶端。足在身体腹面，适宜爬行。幼贝：形态和颜色与成贝极相似，体型略小，螺多在4层以下。卵圆球形，直径约2mm，初为白色，孵化前变为灰黄色，有光泽。

发生规律：3月上中旬开始活动，温室前塑料棚内于2月中下旬即见活动。蜗牛白天潜伏，傍晚或清晨取食，遇有阴雨天多整天栖息在植株上，除喜欢为害草莓叶片外，还可为害近成熟的果实。

防治方法：每公顷用蜗牛敌（多聚乙醛）配成含有效成分2.5%～6%的豆饼粉或玉米粉或用8%灭蜗灵颗粒剂22.5～30kg，碾碎后拌细土或饼屑75～112.5kg，于天气温暖、土表干燥的傍晚撒在受害株附近根部的行间，2～3天后接触药剂的蜗牛分泌大量黏液而死亡。防治适期3～4月，蜗年产卵前，6～7月有小蜗牛时再防 1 次，效果更好。

（二十五）野蛞蝓

野蛞蝓又叫无壳蜒蚰螺，在草莓上主要为害草莓成熟期浆果，被拱食过的浆果失去经济价值。

形态特征：成虫体伸直时长 30 ~ 60mm，宽 4 ~ 6mm，内壳长 4mm，宽 2.3mm，长梭型，柔软，光滑而无外壳。体表暗黑色或暗灰色，黄白色或灰红色，有的有不明显暗带或斑点。触角 2 对，暗黑色，下边 1 对短，黏液无色。在右触角后方约 2mm 处为生殖孔。卵椭圆形，韧而富有弹性，直径 2 ~ 2.5mm。白色透明可见卵核，近孵化时色变深。初孵幼体长 2 ~ 2.5mm，淡褐色，体形同成体。

发生规律　以成体或幼体在作物根部湿土下越冬。5 ~ 7 月间在田间大量为害，入夏气温升高，活动减弱，秋季气温凉爽后又活动危害。温室中 3 月份之后即可发生。

防治方法：①清洁田园，铲除杂草，实行水旱轮作。亦可以在田边、地埂上撒石灰或草木灰，待野蛞蝓爬过时，因身体失水而死亡。②可用 8% 灭蜗灵颗粒剂，每公顷 15 ~ 22.5kg 撒施，或用 10% 多聚已醛颗粒剂，每平方米 1.5g 撒施，亦可于 4 ~ 5 月用氨水剂 150 倍液喷洒地面。

（二十六）蓟马

蓟马是一种靠吸取植物汁液为生的昆虫，在动物分类学中属于昆虫纲缨翅目。幼虫呈白色、黄色、或橘色，成虫则呈棕色或黑色。进食时会造成叶子与花朵的损伤。

形态特征：体微小，体长 0.5 ~ 2mm，很少超过 7mm；黑色、褐色或黄色；头略呈后口式，口器锉吸式，能挫破植物表皮，吸允汁液；触角 6 ~ 9 节，线状，略呈念珠状，一些节上有感觉器；翅狭长，边缘有长而整齐的缘毛，脉纹最多有两条纵脉；足的末端有泡状的中垫，爪退化；雌性腹部末端圆锥形，腹面有锯齿状产卵器，或呈圆柱形，无产卵器。

生活习性：蓟马的成长历程一年四季均有发生。春、夏、秋三季主要发生在露地，冬季主要在温室大棚中，发生高峰期在秋季或入冬的 11—12 月，3—5 月份则是第二个高峰期。雌成虫主要进行孤雌生殖，偶有两性生殖，极难见到雄虫。卵散产于叶肉组织内，每雌产卵 22 ~ 35 粒。雌成虫寿命 8 ~ 10 天。卵期在 5—6 月为 6 ~ 7 天。若虫在叶背取食到高龄末期停止取食，落入表土化蛹。

蓟马喜欢温暖、干旱的天气，其适温为 23 ~ 28℃，适宜空气湿度为 40% ~

70%；湿度过大不能存活，当湿度达到100%，温度达31℃时，若虫全部死亡。

危害状况：蓟马以成虫和若虫锉吸草莓幼嫩组织（枝梢、叶片、花、果实等）汁液，被害的嫩叶、嫩梢变硬卷曲枯萎，植株生长缓慢，节间缩短；幼嫩果实被害后会硬化，严重时造成落果，严重影响产量和品质。嫩叶受害后叶片变薄，叶片中脉两侧出现灰白色或灰褐色条斑，表皮呈灰褐色，出现变形、卷曲，生长势弱，易与侧多食跗线螨为害相混淆。

幼果受害时表皮油胞破裂，逐渐失水干缩，疤痕随果实膨大而扩展，呈现不同形状的木栓化银白色或灰白色的斑痕。但也有少部分发生在果腰等部位。这类“疤痕果”大约可分成3类：一是距果蒂约0.5cm周围，有宽2~3mm的环状疤痕；二是果面上有一条或多条宽1mm左右的不规则线状或树状疤痕；三是果面或脐部出现一个或多个钮扣大小的不规则圆形疤痕。圆形疤痕常与树状疤痕相伴。在幼果期疤痕呈银白色，用手触摸，有粗糙感；在成熟果实上呈深红或暗红色，平滑有光泽。

防治方法：早春清除田间杂草和枯枝残叶，集中烧毁或深埋，消灭越冬成虫和若虫。加强肥水管理，促使植株生长健壮，减轻为害；利用蓟马趋蓝色的习性，在田间设置蓝色粘板，诱杀成虫，粘板高度与作物持平；使用25%噻虫嗪水分散粒剂3 000~5 000倍灌根，减少病毒病的发生，同时减少地下害虫危害，选用硅鲨、阿克泰、25%噻虫嗪大功牛、蓟危喷雾，同时可以微乳剂类的阿维菌素桶混使用。

防治要点：①根据蓟马昼伏夜出的特性，建议在下午用药。②蓟马隐蔽性强，药剂需要选择内吸性的或者添加有机硅助剂，而且尽量选择持效期长的药剂。③如果条件允许，建议药剂熏棚和叶面喷雾相结合的方法。④提前预防，不要等到泛滥了再用药。在高温期间种植蔬菜，如果没有覆盖地膜，药剂最好同时喷雾植株中下部和地面，因为这些地方是蓟马若虫栖息地。

（二十七）草莓根结线虫

病状为草莓植株明显生长不良，疑是缺水，缺肥，生长缓慢，基部叶片变黄，并提前脱落，叶缘焦枯，花果生长慢。严重病株表现干旱似的萎蔫，慢慢干枯死亡，轻者病株虽能结果但果实个头小，成熟晚。整个根系形成乱发似的须根团，根系沾满土粒与沙粒，晚期在根上形成褐色凸起的较大虫瘿。草莓根结线虫共分5个龄期，主要以卵囊虫的卵和卵内的幼虫越冬。当大棚内平均地温达到11.3℃时开始孵化，刚孵化的幼虫为仔虫期幼虫，在卵壳内脱第一次皮后脱壳而出，发育成侵染性幼虫。随着土壤温度的升高，越冬幼虫与刚孵化的幼虫在土壤中开始活动，当平均地温达到 12℃时，侵染期幼虫就能从根端侵入。破坏中柱细胞的正常生长，引起薄壁细胞的畸形发育，形成凸起的瘤状虫瘿。线虫在虫瘿内吸食草莓汁液，发育生长，直到第五次脱皮后变成成虫。成虫交配后，雌虫定居原处继续危害，雄虫离开虫瘿到土壤中，钻入其他虫瘿与雌虫交配。雌虫产卵后死亡，卵在土壤中孵化成侵染性幼虫，进行再侵染。扣棚期间可完成 1 ~ 2 代，全生长期可完成 3 代。

草莓根结线虫在通气良好、质地疏松的沙壤土中发生重，尤其是肥力低的砂质岭薄地发生重，低洼、返碱地和黏性土壤发病轻或不发病。土壤含水量占田间最大持水量的 20% 以下或 90% 以上都不利于根结线虫的侵入。幼虫侵入的最适土壤含水量为 70%。连作地发生重，轮作地发病轻，水旱轮作可以控制病害的发生。坐地繁殖或用带虫瘿的病株繁殖草莓苗，易传播病害。土温在 12 ~ 19℃时，幼虫 10 天才能侵入，20 ~ 26℃时，4 ~ 5 天就能大量侵入，高于 26℃不利于侵入。

防治方法应加强检疫；选择不带有根结线虫的健康种苗；轮作线虫不危害的其他作物；在生产过程或收获后，拔除病根、病株，并集中烧毁；深翻改土，增施有机肥，促使草莓生长健壮，增强抗病能力；育苗时选无病地和不带线虫病的原种苗育苗。夏季密封大棚，地面用黑地膜覆盖，进行 45℃以上高温杀菌；药剂防治可用灭线磷或 3% 呋喃丹颗粒剂或 1.8% 阿维菌素乳油或线虫快克或克线磷防治。

三、生理障害及其防治

（一）草莓心叶日灼症

症状：主要是中心嫩叶在初展或未展之时叶缘急性干枯死亡，干死部分褐色或黑褐色。由于叶缘细胞死亡，而其他部分细胞迅速长大，所以受害叶片多数像翻转的酒杯或汤匙，受害叶片明显变小。

防治方法：栽健壮秧苗，在土层深厚的田块种草莓，以利根发育；高温干旱季节之前在根际适当培土保护根系；慎用赤霉素，特别在干旱高温期要少用赤霉素；棚室内温度控制在 30℃以下。

（二）草莓生理性白果

症状：浆果成熟期褪绿后不能正常着色，全部或部分果面呈白色或淡黄白色，界限鲜明，白色部分种子周围常有一圈红色。病果味淡、质软、果肉呈杂色、粉红色或白色，很快腐败。

防治方法：多施有机肥和复合肥，不过多偏施氮肥；选用适合当地长的品种和含糖量较高的品种；采用保护地栽培，适当调控温湿度，使用透光率高的棚膜。

（三）草莓生理性叶烧

症状：在叶缘发生茶褐色干枯，一般在成龄叶片上出现，轻时仅在叶缘锯齿状部位发生，重时可使叶片的大半枯死。枯死斑色泽均匀，表面干净，无“V”型褐斑病、褐色轮斑病、叶枯病、褐角斑病、叶斑病等侵染性病害所特有的症状。一般雨后灌水后旱情缓解，病性也随之缓解和停止发展。

防治方法：根据天气干旱情况和土壤水分含量情况适时补充土壤水分；不过量猛施肥料，施肥后要及时灌水；棚室内温度控制在30℃以下。

（四）草莓冻害

症状：一般在秋冬和初春期间气温骤降时发生，有的叶片部分冻死干枯，有的花蕊和柱头受冻后柱头向上隆起干缩，花蕊变黑褐死亡，幼果停止发育干枯僵死。

防治方法：晚秋控制植株徒长，冬前浇防冻水，越冬及时覆盖防寒；早春不要过早去除覆盖物，在初花期于寒流来临前要及时加盖地膜防寒或烟防晚箱危害；棚室生产在严寒时可利用液化气等临时加温。

（五）草莓畸形果

症状：果实过肥或过瘦，有的呈鸡冠或扁平状或凹凸不整等形状。

防治方法：选育花粉量多、耐低温、畸形果少、育性高的品种，如春香、丽红、丰香、宝交早生、幸香等；改善栽培管理条件，排除花器发育受到障碍的因素，尽量将温度控制在10～30℃之间，开花期相对湿度控制60%以下，白天防止30℃以上高温出现，夜间防止5℃以下的低温出现。提高花粉的稔性，减少畸形果发生；防治白粉病等病虫害的药剂，应在开花6小时受精结束后再喷洒，有利于防止草莓产生畸形果；花期放蜂授粉。大棚低温期开的花，通过放蜂进行异花授粉，防止畸形果产生效果很好；保持温度、湿度均衡。

（六）裂果和萼片反转

症状：果实萼片反转花托开裂，露出白色果肉。

防治方法：收获期防止高温干旱严重后补水，应少灌勤灌，并注意避免施药喷到果实上。

（七）日灼果

症状：果实由于高温日灼，先是果肉松弛，然后变为茶黑色干燥成木乃伊疆果。

防治方法：培育健壮植株；避免32℃以上的高温日灼；必要时可用遮阳网覆盖。

（八）异常花

症状：雌蕊、雄蕊或花托发育不全（图8－1），导致无法授粉、不能自花授粉、授粉不良或畸型果。防治方法：育苗期避免大肥大水，导致种苗徒长，而抑制对钙和硼的吸收；栽后防止高温干旱，要高起垄，垄面平整，在棚温高于30℃时要降低空气温度，并且应给予人工补光。

图8－1　草莓花发育不良

（九）冻害

症状：雌雄花蕊变褐死亡，长时间冻害会造成叶片无病斑状、叶缘上卷、逐渐枯死。

防治方法：土壤湿度不能干燥，花果期草莓抗旱能力减弱，应注意防旱。

（十）水滴叶烧

症状：棚布或棚架上的水珠受热后滴落在叶片上，形成不规律滴浅状，灼伤黄化叶斑。

防治方法：垄上垄下覆严地膜，降低棚内空气湿度，发现棚内温度高时，应在高温前及时通风换气。

（十一）肥料浓度障害

症状：大叶片叶片褐黄、逐渐扩大、上卷，严重时心叶叶尖褐黄，大叶枯死。

防治方法：底肥必须经空气腐熟过程，防止防止根下发热产生氨气伤苗；化肥追量适中，并且结合灌水进行；提倡土壤养分检测、配方施肥。

（十二）硼酸气毒害

症状：老叶叶缘先红后褐变、逐渐枯焦，整个叶片绿色渐淡，叶片失水，酥脆，整个蜘蛛萎缩不长，甚至枯死，受污染毒害的植株长势差，花枝细弱，花蕾小，果实膨大慢，着色不亮丽，僵果率增加，适应性差。

防治方法：不在有硼化物气体污染地区种植草莓，硼肥用量适中，并保持土壤温度。

（十三）锌中毒

症状：叶片颜色变暗，叶脉和叶缘栗褐色，植株长势缓弱，花果量减少，畸形果增加。

防治方法：预防镀锌管水滴溅污草莓植株。

（十四）锰过剩障害

症状：叶脉栗红色，自叶脉低部至叶脉尖梢栗褐色自深而淡，叶片渐成匙状，叶表面不光滑，光合作用下降，植株长势不良。

防治方法：以有机肥为主，在肥沃土地育苗，避免水涝淹苗。

（十五）烟雾剂中毒

症状：叶片边缘黑褐上翘，叶色暗绿，叶片斜伸角下垂，花萼变褐，花瘦小，授粉不良，畸形果增加。

防治方法：棚内植株不能徒长，烟雾剂置放高度应高于草莓，烟雾剂用量、时间要严格按技术要求进行，新药剂要经过试验后安全施用，发生药害后，灌一次透水，而后立即揭开地膜，大棚放风透气，有缓解药害作用。

（十六）药害

症状：大多数药害会造成叶片出现不规则枯黄斑点，叶片酥脆不平，长势受阻。托布津药害出现不规则浅白润斑，叶色暗绿。

防治方法：施用农药浓度用量适宜，不在高温中午时施用，应在午后16时左右用药。发生药害时，可清水喷浴植物，而后尽量通风换气，降低棚温，减缓药害程度。

四、营养元素缺乏症及矫治

（一）缺氮

症状：草莓植株缺氮的外部症状由轻微至明显，取决于叶龄和缺氮程度。叶片小，上位叶更小；从下向上逐渐顺序变黄；叶脉间黄化，叶脉突出，后扩展全叶，坐果少，膨大慢。

矫正方法：追施尿素等。

（二）缺磷

症状：植株生长弱，发育缓慢，叶色带青铜暗绿色。生长初期叶片小、硬化、叶色浓绿；缺磷加重时，有些品种的上部叶片外观呈黑色，具光泽，下部叶片的特征为淡红色至紫色，近叶缘的叶面上呈现褐色的斑点。缺磷植株的花和果比正常植株要小，有的果实偶尔有白化现象。根部生长正常，但根量少，颜色较深。

矫治方法：每公顷喷施 1% ~3% 的过磷酸钙澄清液 750kg，或叶面喷布 0.1% ~0.2% 磷酸二氢钾 2 次或者 3 次。

（三）缺钾

症状：草莓生育前期叶缘出现微黄化，后扩展到叶脉中间；生育中后期，叶向外侧卷曲，叶片稍硬化，呈深绿色。缺钾的症状常发生灼伤现象，还可在大多数叶片的叶脉之间向中心发展为害，草莓缺钾时较老的叶片受害重，幼叶不显示症状。光照会加重叶片灼伤，所以，缺钾易与“日烧”相混淆。

矫治方法：叶面喷布 0.1% ~0.2% 磷酸二氢钾 2 次或者 3 次。

（四）缺钙

症状：缺钙使根系停止生长，根毛不能形成，果实贮藏寿命缩短，品质降低，并引起一系列生理障害。草莓缺钙最典型的是叶焦病，硬果，根尖生长受阻、叶脉间黄化、叶片变小和生长点受害。叶焦病特征是：叶片皱缩，或者缩成皱纹，有淡绿色或淡黄色的界限，叶片褪绿，下部叶片也发生皱缩，顶端不能充分展开，萼片和叶尖端首先变褐逐渐变成黑色。

矫治方法：叶面喷施 0.3% 氯化钙水溶液可减轻缺钙现象，另外，应及时浇水，保证水分供应。

（五）缺镁

症状：草莓成熟叶片缺镁时，最初上部叶片的边缘黄化和变褐枯焦，进而叶脉间褪绿并出现暗褐色的斑点，部分斑点发展为坏死斑，形成有黄白色污斑的叶片。枯焦加重时，基部叶片呈淡绿色并肿起，枯焦现象随着叶龄增长和缺镁加重而发展，幼嫩的新叶通常不显示症状。缺镁植株的浆果通常比正常果红色较淡，质地较软，有白化现象。根量则显著减少。

矫治方法：喷施 0.8% ~1% 的硫酸镁。在一般情况下，随着镁肥的被吸收，叶片枯焦现象也会被阻止。

（六）缺硼

症状：草莓早期缺硼的症状表现为幼龄叶片出现皱缩和叶焦，叶片边缘黄色，生长点受伤害，根短粗、色暗。随着缺硼的加剧，老叶的叶脉间有的失绿，有的叶片向上卷。缺棚植株的花小，授粉和结实率降低，果小、果实畸形或呈瘤状。种子多，有的果顶与萼片之间露出白色果肉，果实品质差，严重影响产量。

矫治方法：喷0.12% ~0.25%硼砂或硼酸水溶液。

（七）缺铁

症状：缺铁的最初症状是幼龄叶片黄化或失绿，但这还不能肯定是缺铁，当黄体程度发展并进而变白，发白的叶片组织出现褐色污斑时，则可断定为缺铁。叶脉转绿复原现象可作为缺铁的特征。缺铁草莓植株的根系生长弱，缺铁对果实影响很小。

矫治方法：用0.1% ~0.5%硫酸亚铁水溶液或500倍克黄灵行叶面喷洒。

（八）缺锌

症状：轻微缺锌的草莓植株一般不表现症状。缺锌加重时，较老叶片会出现变窄，特别是基部叶片，缺锌越重窄叶部分越伸长，但缺锌不发生坏死现象，这是缺锌的特有症状。缺锌植株在叶龄大的叶片上往往出现叶脉和叶片表面组织发红的症状。严重缺锌时新叶黄化，但叶脉仍保持绿色或微红，叶片边缘有明显的黄色或淡绿色的锯齿形边。缺锌植株纤维状根多且较长。果实一般发育正常，但结果量少，果个变小。

矫治方法：叶面喷布0.1%的硫酸锌溶液，但要慎用，以免出现药害。

（九）缺锰

症状：缺锰的初期症状是新发生的叶片黄化，这与缺镁、缺硫、缺钼时全叶呈淡绿色的症状相似。缺锰进一步发展，则叶片变黄，有清楚的网状叶脉和小圆点，这是缺锰的独症状。缺锰加重时，主要叶脉保持暗绿色，而在叶脉之间变成黄色，有灼伤，叶片边缘向上卷。灼伤会呈连贯的放射状横过叶脉面扩大，这与缺铁时叶脉间的灼伤明显不同。缺锰植株的果实较小，但对品质无影响。

矫治方法：叶面喷施浓度为80 ~160mg/L的硫酸锰水溶液，在开花或大量坐果时不喷。

（十）缺铜

症状：草莓缺铜的早期症状是未成熟的幼叶均匀地呈淡绿色，这与缺硫、缺镁和缺铁的早期症状类似。不久，叶脉之间的绿色变得很浅，而叶脉仍具明显的绿色，逐渐在叶脉和叶脉之间有一个宽的绿色边界，但其余部分都变成白色，出现花白斑，这是草莓缺铜的症状。缺铜对草莓根系和果实不显示症状。

矫治方法：根外喷施0.1% ~0.2%硫酸铜液。

（十一）缺钼

症状：草莓初期的缺钼症状与缺硫相似，不管是幼龄叶或成熟叶片最终都表现为黄化。随着缺钼程度的加重，叶片上面出现枯焦，叶缘向上卷曲。除非严重缺钼，一般缺钼不影响浆果的大小和品质。

矫治方法：用0.01% ~0.05%钼酸或钼酸钠的水溶液进行叶面喷施。

五、土壤消毒技术

草莓重茬会造成土传病虫害加重、土壤板结、草莓排斥物质积累、共生性杂草增多等弊端，严重影响草莓产量构成和果品品质的提高。因此，需通过轮作倒茬、客土置换和增施农家肥等方法解决。轮作倒茬应注意前茬避开茄科作物，因茄科作物与草莓有某些共生病害和相近的营养吸收特点，对草莓生长发育不利。客土置换应选用耕层沃土，施用的农家肥一定要充分腐熟，因为未腐熟的农家肥含有较多杂草种籽，特别是未腐熟的农肥在土壤中发醇时会释放有害气体，烧坏草莓根系，造成“小老苗”、“回缩苗”的现象。土壤消毒技术是消除土传病虫草害的重要措施，而药剂除草是减少劳动强度的好方法。

(一) 太阳能高温土壤消毒技术

草莓收获后7月上旬至8月初，清除草莓枯苗和杂草，铺施富含有机质的堆肥每亩2~3t，石灰氮每亩50~60kg，灌透水后结合土壤持水量70% ~80%时进行旋耕40cm，用旧塑料膜覆盖地面，同时再将温室和大棚密闭，裸地可跨距3~4m在地膜上直拱再覆盖一层薄膜增温，拱棚距地面30~40cm即可。通过太阳能使地表温度升至40℃以上，保持两周即能达到消灭杂草和杀死草莓枯萎病、黄萎病、根结线虫、地老虎等土传病虫的作用。

(二) 棉隆土壤消毒技术

棉隆土壤消毒剂，为98%微粒剂。对草莓枯萎病、炭疽病、根结线虫、疫病、蝼蛄、金针虫、小地老虎、蛴螬等土传病虫害防效明显，并有除草和促进草莓生长作用。

棉隆

其他名称：DMTT、tiazone、basamid、mylone

化学名称：3，5－二甲基－1，3，5－噻二嗪烷－2－硫酮

相对分子质量（按1997年国际相对原子质量计）：162.29

生物活性：杀线虫

熔点：104~105℃

溶解度（20℃）：水中3g/kg、苯中51g/kg、二乙醚中6g/kg、乙醇中15g/kg、氯仿中391g/kg、丙酮中173g/kg。环乙烷中400g/kg。

稳定性：棉隆在水溶液中易分解，尤其在45℃时分解更快，遇强碱、强酸

迅速分解。

项目指标

棉隆含量	≥98.0%
水分	≤1.0%
粒度（过 74～297μm 筛）	≥95%
pH 值	5.0～8.0

毒性：对眼睛和皮肤有刺激作用

产品净含量：25kg/袋

质量保证期：2 年

产品特点：

安全、环保、使用简单（容易与土壤混合）。

作用谱广：棉隆对土壤里的生物，即土壤病害（真菌和细菌）线虫、土壤害虫、杂草种子等，都有杀灭作用。

经过棉隆消毒处理的土壤，可使作物健康生长，增加产量等。同时，对后续几茬作物也均有不同程度的增产效果。

推荐剂量：一般为 15～40g/m^2（10～27kg/亩）。具体用量根据土壤病害等严重情况，确定剂量，严重时用高剂量，轻时用低剂量。

使用条件：推荐土壤温度在 5～25℃使用，实验表明土壤温度在 10～20℃使用效果最好。

土壤消毒方法：整地保湿：施药前先松土、整平，去掉草莓残茬、避免有大土块。然后浇水湿润土壤，并且保湿 7 天（湿度以手捏土能团，掉地后能散开为标准），以便让土壤病害（真菌和细菌）线虫、杂草种子萌动，更易被棉隆气体杀灭。

均匀施药：必须全地均匀施撒。

混匀土壤：施药后马上充分混匀土壤，深度为 20cm（一般消毒所需深用），使药剂和土壤粒子充分接触；温室（包括大棚）内使用时要确保立柱和水沟边用药到位。

密封消毒：混土后再次浇水湿润土壤，浇水后立即覆盖不透气的塑料薄膜，并且要把周边封严实，以保持土壤湿润和避免棉隆气体泄漏，密封消毒数天。

松土通气：消毒达到规定时间（表 8－3）后揭薄膜，然后松土（深度不能超过原施药深度），通气数天，使棉隆气体散发干净（用种子发芽实验测定土壤中不再有全速灭气体)。最后可以开始播种或移栽作物。

表 8-3 棉隆在不同土壤温度下使用时间间隔(推荐)

土壤温度	5℃	10℃	15℃	20℃	25℃
土壤保湿	7 天	7 天	7 天	7 天	7 天
密封消毒	30 天	25 天	15 天	12 天	10 天
松土通气	20 天	15 天	10 天	7 天	5 天
消毒总时间	57 天	47 天	32 天	26 天	24 天

例如：土壤温度为 20℃时，土壤保湿 7 天，施药后密封消毒 12 天，然后揭膜松土通气 7 天后，可做种子发芽实验以确保播种或移栽作物安全。

发芽实验方法：

在施药处理的土层内随机取土样，装半玻璃缸，在缸内放入粘有水芹（莴苣或小白菜）种子的湿润棉花团，然后立即密封缸口，放在温暖的室内 48 小时萌芽，同时取末施药的土壤作对照，如果施药处理的土壤有抑制发芽的情况，则应该再次松土通气。直到通过种子发芽安全测式，证明棉隆气体散发干净后，才可以播种或移栽作物。

注意事项：

为避免经棉隆消毒处理的土壤第二次感染病害（真菌和细菌）线虫等，基肥（但腐植酸有机肥会影响消毒效果）一定要在消毒前加入，苗床浇水应用干净水，松土通气深度切勿越过施药混土深度；并避免通过鞋、衣服或劳动工具将外未消毒的土块和杂物带入消毒过的温室（包括大棚）内引起再次感染（大棚内要用的器材和工具等可一起放入覆盖薄膜内消毒）。

本产品是土壤消毒剂，不可对水喷施于任何作物上；

本产品对鱼有毒；

本产品应贮存于阴凉干燥之处，一次未用完的药，必须密封勿使受潮。不得与食品、饲料一起存放。

安全措施：

施药时，应使用橡塑手套、口罩和靴子等安全防护用具，以避免皮肤直接接触和吸入本药剂，一旦沾污皮肤，应立即用肥皂，清水彻底冲洗。施药后应彻底清洗用过的衣物和器械。揭膜时要带口罩，避免气体吸入。

(三) 氯化苦施用技术

氯化苦土壤熏蒸剂，也叫三氯硝基甲烷；英文名称 nitrotrichloromethane；

chloropicrin；别名硝基三氯甲烷；分子式 CCl_3NO_2；外观与性状无色或微黄色油状液体，有催泪性。氯化苦味酸，对真菌、细菌、昆虫、螨类和鼠类均有杀灭作用，对防治线虫病、枯萎病等土传病害效果较好。也有杀杂草种子作用。连续使用对土壤及农作物无残留，无公害，无不良影响。对地下水无污染。

氯化苦使用技术：

1. 施药前准备

彻底清除前一季草莓残茬，深耕（30～40cm）并施用适量有机肥。或者旋耕20cm深，充分碎土，捡净杂物，特别是草莓的残根。土壤要平整疏松，不能太干，也不能太湿，一般土壤湿度在60%左右。

2. 施药步骤

（1）采用机动注射器或手动注射器注射。通常每隔30cm，注入一穴，一穴氯化苦2～3ml。每亩用药量一般在14～22kg，为保证效果，一般要求每亩用药不少于20kg。

（2）覆膜。施药后应立即覆膜，防止药剂挥发散失。由于氯化苦易气化，穿透性强，因此薄膜的质量会显著影响熏蒸效果。应使用0.04cm以上的薄膜，不可使用地膜。如果薄膜有破损，需要用宽的塑料胶带进行修补。薄膜覆盖时应全田覆盖，不留死角。薄膜相连处，应采用反埋法。

（3）揭膜。熏蒸2～3周后，可揭膜，敞气散气。散气时间一般要10天左右。注意：春季熏蒸处理的，要保证熏蒸最少20天，草莓栽植前揭膜散气至少10天。

3. 注意事项

必须由专业施药队伍或人员穿戴施药防护服施药；

防止未消毒土壤和农家肥混入造成二次污染；

药品必须严格按照相关规定安全运输、储存。

（四）溴甲烷施用技术

溴甲烷是土壤熏蒸剂，其气体比空气重。对防治枯萎病，线虫病等土传病害效果显著，并有除草和促进作物生长的作用。选择晴朗天气，要求土温大于8℃，土壤含水量70%左右。先灌透水晾干后整地，农家肥随翻地全层施用，翻耕30～40cm，根据生产需要做成畦。每隔$13m^2$挖一浅坑，下面平铺上塑料膜，形成漏斗状土窝，土窝内放一块红砖，红砖上放开启器，将一瓶溴甲烷斜放在开启器上。每亩用51瓶，利用竹弓架设小拱架，将生产用具放入拱架内，架上覆盖塑料薄膜，四周用土压膜封严。确认密封良好，隔膜用手拍击药瓶，瓶内液体由刺破处溢出后渗透到土窝中慢慢挥发。熏蒸 1 周后撤膜通风，有雨则覆膜防雨。通风 10 天左右。操作过程中要注意皮肤不能接触药品，膜要封严，不得有气体外泄，注意通风换气，以免中毒。

六、药剂除草

在草莓苗田利用药剂除草具有省工、高效、成本低等特点，目前已逐渐被农民接受利用。草莓田的除草剂局限性很强，目前通常应用的有甲金都尔、农思它等芽前土壤封闭药，或用 50% 大惠利可湿性粉，每亩 100 ~ 200g，或拉索每亩 125ml 可防治马齿苋、西风古、猪毛菜、蓼、地肤、繁缕、马唐、稗草、千金子、苣买菜、宝盖草、三棱草等；草莓园杂草达 2 ~ 3 片叶以上时，用拿捕净，每亩 100ml 进行茎叶处理，防除稗草、鸡爪草，效果显著。如禾本科杂草占优势，可用 12.5% 盖草能 120g 或 35% 稳杀得 40g，效果达 96% 以上。如阔叶占优势，24% 达克尔乳油，每亩 100 ~ 150ml。如禾本科和阔叶杂草混生的草莓园，上述药剂错开时间，配合使用，单独喷施，不要混喷，根据杂草发生量，喷 1 ~ 2 次即可。注意人身安全和防止药害，喷药要选择有微风的晴朗天气，不要迎风打药。戴胶皮手套，穿橡胶鞋，戴口罩、风镜，每次喷药后，用肥皂水清洗淋浴，药瓶深埋确保人身安全。除草剂种类繁多，选择较强，如果选药有误或浓度过大，都能产生药害，轻则使叶片黄化、卷曲，重则呈灼烧状枯萎，直至死亡。草莓与其他作物间、套、轮作时，也要考虑前茬作物施用的除草剂对后茬作物有无影响，以免产生药害。

需要特别注意的是，草莓生产田禁止使用除草药剂，杜绝药残发生。

第九章 草莓食品安全生产

一、无公害食品草莓生产

无公害食品草莓生产是指产地环境、生产过程和产品质量符合国家有关标准和规范的要求，经认证合格并获得认证证书，允许使用无公害农产品标志的未加工或者初加工的草莓产品。无公害草莓生产要求重点解决化肥、农药等农业投入品对农业生态环境和草莓产品的污染，生产方式上要求执行相应的农业投入品禁用和限用目录，科学合理地使用农业投入品。无公害食品草莓是通过政府实施产地认定、产品认证、市场准入等一系列措施，为保证广大人民群众食用草莓的一道基本安全线。

本书所述生产技术除绿色食品草莓生产、有机食品草莓生产技术单独表述外，均为无公害食品草莓生产技术。这里简介无公害食品草莓认证相关要求，提供给读者借鉴。

（一）意义

无公害草莓认证工作是草莓质量安全管理的重要内容。开展无公害草莓认证工作是促进草莓产业化发展、实施草莓名牌战略、提升草莓产品竞争力和扩大出口的重要手段。

（二）特点

1. 认证性质

无公害草莓认证执行的是无公害食品标准，无公害草莓认证的目的是保障草莓基本安全，满足大众消费，是公益性认证。

2. 认证方式

无公害草莓认证采取产地认定与产品认证相结合的模式，强调以生产过程控制为重点，以产品管理为主线，以市场准人为切入点，以保证最终产品消费安全为基本目标。无公害草莓认证的过程是一个自上而下的农产品质量安全监督管理行为；产地认定是对草莓生产过程的检查监督行为，产品认证是对管理成效的确认，包括监督产地环境、投入品使用、生产过程的检查及产品的准入检测等方面。

3. 技术制度

无公害草莓认证推行“标准化生产、投入品监管、关键点控制、安全性保障”的技术制度。从产地环境、生产过程和产品质量三个重点环节控制危害因素含量，保障草莓的质量安全。

(三) 申请条件

无公害草莓认证申请主体应当具备国家相关法律法规规定的资质条件，具有组织管理无公害农产品生产和承担责任追溯的能力。

(四) 产地要求

无公害草莓产地环境必须经有资质的检测机构检测，灌溉用水、土壤、大气等符合国家无公害农产品生产环境质量要求，产地周围3公里范围内没有污染企业，无公害农产品产地应集中连片、产品相对稳定，并具有一定规模。

(五) 材料要求

申请人可以直接向所在县级农产品质量安全工作机构（简称“工作机构”）提出无公害草莓产地认定和产品认证一体化申请，并提交以下材料：

《无公害农产品产地认定与产品认证申请书》)；

国家法律法规规定申请者必须具备的资质证明文件（复印件）（如营业执照、注册商标、卫生许可证等)；

《无公害农产品内检员证书》(复印件)

无公害草莓生产质量控制措施；

无公害草莓生产操作规程；

符合规定要求的《产地环境检验报告》和《产地环境现状评价报告》或者符合无公害农产品产地要求的《产地环境调查报告》；

符合规定要求的《产品检验报告》；

以农民专业合作经济组织作为主体和“公司+农户”形式申报的，提交与合作农户签署的含有产品质量安全管理措施的合作协议和农户名册（包括农户名单、地址、种植规模)；如果合作社申报材料中填写的是“自产自销型、集中生产管理”，提供书面证明说明原因，并附上合作社章程以示证明；

无公害农产品产地认定与产品认证现场检查报告；

无公害农产品产地认定与产品认证报告；

规定提交的其他相应材料。

无公害草莓认证证书有效期为3年。期满需要继续使用的，应当在有效期满90日前按照无公害农产品复查换证的要不得，进行复查换证。

（六）认证申请

第一条　凡符合《无公害农产品管理办法》规定，具有无公害农产品产地认定有效证书的单位和个人（以下简称申请人），均可申请无公害草莓认证。

第二条　申请人从中心、分中心或所在地省级无公害农产品认证归口单位领取，或者从中国农业信息网下载《无公害农产品认证申请书》及有关资料。

第三条　申请人直接或者通过省级无公害农产品认证归口单位向申请认证产品所属行业分中心提交以下材料（一式两份）：

《无公害农产品认证申请书》；

《无公害农产品产地认定证书》（复印件）；

产地《环境检验报告》和《环境现状评价报告》（2 年内的）；

产地区域范围和生产规模；

无公害草莓生产计划；

无公害草莓质量控制措施；

无公害草莓生产操作规程；

专业技术人员的资质证明；

保证执行无公害草莓标准和规范的声明；

无公害草莓有关培训情况和计划；

上个生产周期的草莓生产过程记录档案（投入品的使用记录和病虫草鼠害防治记录）；

"公司加农户"形式的申请人应当提供公司和农户签订的购销合同范本、农户名单以及管理措施；

要求提交的其他材料。

二、绿色食品草莓生产

由于草莓是无保护层果皮的小浆果，不论是直接鲜食，还是深加工成各类制品，果实基本全部被食用，因此，在当今人们对饮食消费由热量食品转向消费安全、卫生、营养、保健食品，更加注重食品的安全性、科学性和经济性的饮食文化变革中，生产绿色食品草莓是稳定草莓产业化发展，保证草莓产销两旺，提高草莓生产效益的必由之路。

绿色食品草莓如同其他绿色食品的概念一样，系指遵循可持续发展的原则，按照特定的生产方式，经国家专门机构认定，许可使用绿色食品草莓标志的无污染的、安全、优质草莓。

绿色食品草莓分为 A 级和 AA 级两种。

A 级绿色食品草莓系指在生态环境质量符合规定标准的产地，生产过程中允许限量使用限定的化学合成物质，按特定的生产操作规程生产、加工，产品质量及包装经检测、检查符合特定标准，并经专门机构认定，许可使用 A 级绿色食品草莓标志的产品。

AA 级绿色食品草莓系指在生态环境质量符合规定标准的产地，生产过程中不使用任何有害化学合成物质，按特定的生产操作规程生产、加工，产品质量及包装经检测、检查符合特定标准，并经专门机构认定，许可使用 AA 级绿色食品草莓标志的产品。

（一）绿色食品草莓产地环境质量要求

1. 环境质量要求

绿色食品草莓产地空气中各项污染物含量不应超过表 9－1 所列的浓度值。

表 9－1 空气中各项污染物的浓度限值 mg/m^3（标准状态）

项目	浓度限值	
	日平均	1 小时平均
总悬浮颗粒物（TSP）	30	—
二氧化硫（SO_2）	15	0.50
氮氧化物（NO_2）	10	0.15
氟化物（F）	7（$\mu g/m^3$）	20（$\mu g/m^3$）
	1.8 [$\mu g/dm^2 . d$]（挂片法）	

注：①日平均指任何一日的平均浓度；②1 小时平均指任何一小时的平均浓度；③连续采样 3 天，每日 3 次，晨、午和夕各一次；④氟化物采样可用动力采样滤膜法或用石灰滤纸挂片法，分别按各自规定的浓度限值执行，石灰滤纸挂片法挂置 7 天

2. 农田灌溉水质要求

绿色食品草莓产地农田灌溉水中各项污染物含量不应超过表 9－2 所列的浓度值。

表 9－2 农田灌溉水中各项污染物的浓度限值 mg/L

项 目	浓度限值
pH 值	5.5～8.5
总汞	0.001
总镉	0.005
总砷	0.05
总铅	0.1
六价铬	0.1
氟化物	2.0
粪大肠菌群	10 000（个/L）

注：灌溉菜园用的地表水需测粪大肠菌群，其他情况不测粪大肠菌群

3. 土壤环境质量要求

绿色食品草莓产地各种不同土壤中的各项污染物含量不应超过表 9 – 3 所列的限值。

表 9 – 3　土壤中各项污染物的含量限值　mg/kg

耕作条件	旱　田			水　田		
pH 值	<6.5	6.5 ~ 7.5	>7.5	<6.5	6.5 ~ 7.5	>7.5
镉	0.30	0.30	0.40	0.30	0.30	0.40
汞	0.25	0.30	0.35	0.30	0.40	0.40
砷	25	20	20	20	20	15
铅	50	50	50	50	50	50
铝	120	120	120	120	120	120
铜	50	60	60	50	50	60

注①果园土壤中的铜限量为旱田中的铜限量的一倍；②水旱轮作用的标准值取严不取宽

土壤管理的主要内容有坡改梯、秸秆还田、种植绿肥等沃土工程，不断增加土壤有机质，降低、减少有毒污染物质，提高土壤的通透性、保肥、供肥性和缓冲性，加强农业灌溉水质监测，限制和取缔污染源，建立能排能灌的水利设施，提高土壤防旱防涝能力。

（二）绿色食品草莓生产肥料要求

1. 农家肥料

系指含有大量生物物质、动植物残体、排泄物、生物废物等物质的肥料。施用农家肥料不仅能为草莓提供全面营养，而且肥效长，可以增加和更新土壤有机质，促进微生物繁殖，改善土壤的理化性质和生物活性，是生产绿色食品草莓的主要养分来源。包括：堆肥、沤肥、厩肥、沼气肥、绿肥、作物秸秆还田、泥肥、饼肥、奶肥等。

2. 商品有机肥料

是指以大量生物物质、动植物残体、排泄物、生物废物等物质为原料，加工制成的商品肥料。包括：腐殖酸类肥料、微生物肥料、根瘤菌肥料、固氮菌肥料、磷细菌肥料、硅酸盐细菌肥料、半有机肥料（有机复合肥）、无机（矿质）肥料、叶面肥料、Cu、Fe、Mn、Zn、B、Mo 等微量元素肥料、植物生长辅助物质肥料和不含合成添加剂和防腐剂的其他肥料。

肥料的使用规则应是肥料使用必须使足够数量的有机物质返回土壤，以保持或增加土壤肥力及土壤生物活性。所有有机或无机（矿质）肥料，尤其是富含氮的肥料应以对环境和作物（营养、味道、品质和植物抗性）不产生不良后果的方法使用。

3. AA 级绿色食品草莓的肥料使用准则

选用绿色食品标准规定允许使用的肥料种类，禁止使用其他化学合成肥料；禁止使用有害的城市垃圾和污泥。医院的粪便垃圾和含有害物质（如毒气、病原微生物、重金属等）的工业垃圾，一律不得收集作生产绿色食品的肥料，另外，还不可使用化学合成的果实膨大着色剂。

绿肥利用形式有覆盖、翻入土中、混合堆沤。栽培绿肥最好在盛花期翻压，翻埋深度为 15cm 左右，盖土要严，翻后耙匀。压青后 15 ~ 20 天才能进行草莓栽植。腐熟的达到无害化要求的沼气肥水，及腐熟的人畜粪尿可用作追肥，严禁浇灌未腐熟的人畜粪尿。饼肥对草莓产量和品质有较好的作用，腐熟的饼肥可适当多用。叶面肥料喷施于草莓叶片，可施一次或多次，但最后一次必须在果实收获前 20 天喷施。微生物肥料可用作基肥和追肥使用，使用时应严格按照使用说明书的要求操作。微生物肥料对减少草莓硝酸盐含量，改善草莓品质有明显效果。可在草莓上有计划扩大使用。

4. A 级绿色食品草莓的肥料使用准则

尽量选用绿色食品标准规定允许使用的肥料种类。如生产上实属必须，允许生产基地有限度地使用部分化学合成肥料，但禁止使用硝态氮肥。化肥必须与有机肥、微生物肥配合施用，最后一次追施必须在收获前 30 天进行。城市生活垃圾要经过无害化处理，质量达到国家标准后才能使用。每年每亩农田限制用量，黏性土壤不超过 3 000kg，砂性土壤不超过 2 000kg。其他要求如同生产 AA 级绿色食品草莓的肥料使用准则。

生产绿色食品草莓的农家肥料无论采用何种原料（包括人畜禽粪尿、秸秆、杂草、泥炭等）制作堆肥，必须高温发酵，以杀灭各种寄生虫卵和病原菌、杂草种子，去除有害有机酸和有害气体，使之达到无害化卫生标准。

农家肥料，原则上就地生产就地使用。外来农家肥料应确认符合要求后才能使用。商品肥料及新型肥料必须通过国家有关部门的登记认证及生产许可。

因施肥，造成土壤、水源污染或影响草莓生长、草莓果实达不到卫生标准时，要停止施用这些肥料，并向中国绿色食品发展中心及省绿色食品办公室报告。用其生产的草莓制品也不能继续使用绿色食品标志。

（三）生产绿色食品草莓的农药使用准则

绿色食品草莓生产应从作物—病虫草等整个生态系统出发，综合运用各种农艺防治措施，创造不利于病虫草害孳生和有利于各类天敌繁衍的环境条件，保持农业生态系统的平衡和生物多样化，减少各类病虫草害所造成的损失。

优先采用农艺措施，选用红实美、杜克拉、卡尔特一号等抗病抗虫品种，利用脱毒组培种苗并培育壮苗，加强栽培管理，科学调控温、湿、光、肥条件，坚持人工中耕除草、清洁田园、轮作倒茬或利用太阳能高温土壤消毒、间作套种等一系列措施起到防治病虫的作用。还应尽量利用灯光、色彩诱杀害虫，机械捕捉害虫，机械和人工除草等措施，防治病虫草害。特殊情况下，必须使用农药时，除了要避免农药直接接触果实外，还应遵守以下准则：

1. 生产AA级绿色食品草莓的农药使用准则

允许使用植物源杀虫剂、杀菌剂、拒避剂和增效剂。如除虫菊素、金藤根、烟草水、大蒜素、苦楝、川楝、印楝、芝麻素等；允许使用矿物油乳剂和植物油乳剂；允许使用矿物源农药中硫制剂、铜制剂；允许有限度地使用活体微生物农药，如真菌制剂、细菌制剂、病毒制剂、放线菌、拮抗菌剂、昆虫病原线虫、原虫等；允许有限度地使用农用抗生素，如春雷霉素、多抗霉素（多氧霉素）井岗毒素、农抗120等防治真菌病害，浏阳霉素防治螨类。

禁止使用有机合成的化学杀虫剂、杀螨剂、杀菌剂、除草剂、和植物生长调节剂；禁止使用生物源农药中混配有机合成农药和各种制剂。

2. 生产A级绿色食品草莓的农药使用准则

允许使用植物源农药、动物源农药和微生物源农药；在矿物源农药中允许使用硫制剂、铜制剂。

严格禁止使用剧毒、高毒、高残留或者具有三致（致癌、致畸、致突变）的农药（参见国家相关规定）；如生产上实属必需，允许生产基地有限度地使用部分有机合成化学农药，并严格按照国家相关规定的方法使用；应选用国家规定的低毒农药和个别中等毒性农药；有机合成农药在农产品中的最终残留应从严掌握，采用国际上最低的残留限量标准或为国家标准的1/2；最后一次施药距采收间隔天数不得少于20天；每种有机合成农药在一种作物的生长期内只允许使用一次；在使用混配有机合成化学农药的各种生物源农药时，混配的化学农药只允许选用国家规定允许使用的品种；严格控制各种遗传工程微生物制剂的使用（表9－4）。

表 9－4　生产 A 级绿色食品草莓禁止使用的农药

种 类	农药名称	禁用原因
有机氯杀虫剂	滴滴涕、六六六、林丹、甲氧滴滴涕、硫丹	高残毒
有机氯杀螨剂	三氯杀螨醇	工业品中含有一定数量的滴滴涕
有机磷杀虫剂	甲拌磷、乙拌磷、久效磷、对硫磷、甲基对硫磷、甲胺磷、甲基异柳磷、治螟磷、氧化乐果、磷胺、地虫硫磷、灭克磷（益收宝）、水胺硫磷、氯唑磷、硫线磷、杀扑磷、特丁硫磷、克线丹、苯线磷、甲基硫环磷	剧毒、高毒
氨基甲酸酯杀虫剂	涕灭威、克百威、灭多威、丁硫克百威、丙硫克百威	高毒、剧毒或代谢物高毒
二甲基甲脒类杀虫杀螨剂	杀虫脒	慢性毒性、致癌
卤代烷类熏蒸杀虫剂	二溴乙烷、环氧乙烷、二溴氯丙烷、溴甲烷	致癌、致畸、高毒
阿维菌素苯甲酸盐		高毒
克螨特		慢性毒性
有机砷杀菌剂	甲基胂酸锌（稻脚青）、甲基胂酸钙胂（稻宁）、甲基胂酸铁锌（田安）、福美甲胂、福美胂所有作物高残毒有机锡杀菌剂三苯基醋酸锡（薯瘟锡）、三苯基氯化锡、三苯基羟基锡（毒菌锡）	高残留、慢性毒性
有机汞杀菌剂	氯化乙基汞（西力生）、醋酸苯汞（赛力散）	剧毒、高残毒
取代苯类杀菌剂	五氯硝基苯、稻瘟醇（五氯苯甲醇）	致癌、高残留
2，4－D 类化合物	除草剂或植物生长调节剂	杂质致癌
二苯醚类除草剂	除草醚、草枯醚	慢性毒性
植物生长调节剂	有机合成的植物生长调节剂	
除草剂	各类除草剂	可用于繁苗田

三、有机食品草莓生产

（一）有机草莓的概念及特征

有机草莓是指通过有机农业体系生产，获得第三方有机认证的草莓，是有机产品中的一种具体产品。在有机农业生产体系中，按相应的有机产品标准进行草莓的生产、销售、管理，经具有有机产品认证资质的第三方认证机构认证的草莓产品。

有机草莓具体定义是：按国家有机产品标准，遵循自然规律和生态学原理，采取一系列可持续发展的农业技术生产的草莓鲜果。在生产过程中，不受化学物质的干扰，也不污染环境，不使用人工合成的化合物，包括化肥、合成农药、生长调节剂、添加剂和转基因工程的技术、产品，经过具备资质的认证机构认证的草莓，称为有机草莓。

有机草莓必须同时具备 4 个条件：

第一，草莓必须来自已经建立或正在建立的有机农业生产体系，或采用有机方式采集的野生天然果品。

第二，草莓在整个生产过程中必须严格遵循有机产品的加工、包装、贮藏、运输等要求。

第三，生产者在有机草莓的生产和流通过程中，有完善的跟踪审查体系和完整的生产、销售的档案记录。

第四，必须通过独立的有机草莓认证机构的审查认证。

（二）有机草莓产业发展的意义及前景

1. 改善生态环境

通过建立良好的耕作制度，防止水土流失。在防治病虫害方面采用物理、生物方法，在培肥方面以有机肥料取代化肥，这样就避免了草莓园土壤和水源受化肥、农药的污染，减少了对生态环境的破坏。

2. 提高产品的安全性

第一，因为不使用化肥，使草莓中的硝酸根、亚硝酸根含量极少。第二，施用有机肥使草莓的质量、风味能够极大改善。第三，严禁施用合成农药，避免了农药的残留问题。第四，有机草莓的耐贮性比常规产品有很大的提高。所以，有机草莓的生产，满足了人们对草莓产品的保健、营养的高层次消费需求。

3. 突破“绿色壁垒”

我国每年都有一定数量的草莓果实及产品出口到日本、美国、欧洲等国家。而各国对农产品的进口都设置了很高的药残技术门槛，筑起非关税的“绿色壁垒”，限制国外产品的进口。实施有机农业生产有机草莓，对以上问题都能迎刃而解。

4. 增加农民收入

随着人们对草莓安全认识的提高，有机草莓在全球呈现蓬勃发展的势头，有机草莓的价格比常规草莓的价格高出30%以上，果农的生产效益能得到大幅度的增加。

（三）有机草莓种植标准

1. 总则

（1）农场范围。农场应边界清晰、所有权和经营权明确；也可以是多个农户在同一地区从事农业生产，这些农户都愿意根据本标准开展生产，并且建立了严密的组织管理体系。

（2）产地环境要求。有机草莓需要在适宜的环境条件下进行。有机基地应远离城区、工矿区、交通主干线、工业污染源、生活垃圾场等，基地的土壤环境质量符合《土壤环境质量标准》GB 15618—1995，农田灌溉用水水质符合《农田灌溉水质量标准》GB 5084的规定，环境空气质量符合《环境空气质量标准》GB 3095—1996的二级标准和《保护农作物的大气污染物最高允许浓度》GB 9137。

（3）缓冲带和栖息地。如果农场的有机生产区域有可能受到临近的常规生产区域污染的影响，则在有机和常规生产区域之间应当设置缓冲带或物理障碍物，保证有机生产地块不受污染。以防止临近常规地块的禁用物质的漂移。

在有机生产区域周边设置天敌的栖息地，提供天敌活动、产卵和寄居的场所，提高生物多样性和自然控制能力。

（4）转换期。转换期的开始时间从提交认证申请之日算起，一般不少于36个月。

新开荒的、长期撂荒、长期按传统农业方式耕种的或有充分证据证明多年未使用禁用物质的农田，也应经过至少12个月的转换期。

转换期内必须完全按照有机农业的要求进行管理。

（5）平行生产。如果一个农场存在平行生产，应明确平行生产的动植物品种，并制订和实施了平行生产、收获、贮藏和运输的计划，具有独立和完整的记录体系，能明确区分有机产品与常规产品（或有机转换产品）。

农场可以在整个农场范围内逐步推行有机生产管理，或先对一部分农场实施有机生产标准，制订有机生产计划，最终实现全农场的有机生产。

（6）转基因。禁止在有机生产体系或有机产品中引入或使用转基因生物及其衍生物，包括植物、动物、种子、成分划分、繁殖材料及肥料、土壤改良物质、植物保护产品等农业投入物质。存在平行生产的农场，常规生产部分也不得引入或使用转基因生物。

2. 草莓种植

（1）种苗选择。应当选择有机种苗。当从市场上无法获得有机种苗时，可以选用未使用禁用物质处理过的常规种苗，但应制定获得有机种苗的计划。

应选择适应当地的土壤和气候特点、对病虫害具有抗性的品种。在品种的选择中应充分考虑保护作物的遗传多样性。

禁止使用禁用物质和方法处理的种苗。

（2）栽培。应采用作物轮作和间套作等形式以保持区域内的生物多样性，保持土壤肥力。在一年只能生长一茬作物的地区，允许采用两种作物的轮作；禁止连续多年在同一地块种植同一种作物，但牧草、水稻及多年生作物除外。应根据当地情况制定合理的灌溉方式（如滴灌、喷灌、渗灌等）控制土壤水分。应利用豆科作物、免耕或土地休闲进行土壤肥力的恢复。

（3）土肥管理。应通过回收、再生和补充土壤有机质和养分来补充因作物收获而从土壤带走的有机质和土壤养分。保证施用足够数量的有机肥以维持和提高土壤的肥力、营养平衡和土壤生物活性。有机肥应主要源于本农场或有机农场（或畜场）；遇特殊情况（如采用集约耕作方式）或处于有机转换期或证实有特殊的养分需求时，经认证机构许可可以购入一部分农场外的肥料。外购的商品有机肥，应通过有机认证或经认证机构许可。限制使用人粪尿，必须使用时，应当按照相关要求进行充分腐熟和无害化处理，并不得与作物食用部分接触。禁止在叶菜类、块茎类和块根类作物上施用（表9－5）。

天然矿物肥料和生物肥料不得作为系统中营养循环的替代物，矿物肥料只能作为长效肥料并保持其天然组分，禁止采用化学处理提高其溶解性。有机肥堆制过程中允许添加来自于自然界的微生物，但禁止使用转基因生物及其产品。

表 9－5 有机作物种植允许使用的土壤培肥和改良物质

物质类别		物质名称、组分和要求	使用条件
Ⅰ. 植物来源和动物来源	有机农业体系内	作物秸秆和绿肥 畜禽粪便及其堆肥（包括圈肥）	
	有机农业体系以外	秸秆	与动物粪便堆制并充分腐熟后
		畜禽粪便及其堆肥	满足堆肥的要求
		干的农家肥和脱水的家畜粪便	满足堆肥的要求
		海草或物理方法生产的海藻产品	未经过化学加工处理
		来自未经化学处理木材的木料、树皮、锯屑、木灰、木炭及腐殖酸物质	地面覆盖或堆制后作为有机肥源
		未掺杂防腐剂的肉、骨头和皮毛制品	经过堆制或发酵处理后
		蘑菇培养肥料和蚯蚓培养基质的堆肥	满足堆肥的要求
		不含合成添加剂的食品工业副产品	应经过堆制或发酵处理后
		草木灰	
		不含合成添加剂的泥炭	禁止用于土壤改良；只允许作为盆栽基质使用
		饼	不能使用经化学方法加工的
		鱼粉	未添加化学合成物质
Ⅱ. 矿物来源	磷矿石		应当是天然的，应当是物理方法获得的，P_2O_5中隔含量小于等于90mg/kg
	钾矿粉		应当是物理方法获得的，不能通过化学方法浓缩，氯的含量小于60%
	硼酸岩		
	微量元素		天然物质或来自未经化学处理、未添加化学合成物质
	镁矿粉		天然物质或来自未经化学处理、未添加化学合成物质
	天然硫磺		
	石灰石、石膏和白垩		天然物质或来自未经化学处理、未添加化学合成物质
	黏土（如珍珠岩、蛭石等）		天然物质或来自未经化学处理、未添加化学合成物质
	氯化钙、氯化钠		未经化学处理、未添加化学合成物质
	窑灰 钙镁改良剂 泻盐类（含水硫酸盐）		
Ⅲ. 微生物来源	可生物降解的微生物加工副产品，如酿酒和蒸馏酒行业的加工副产品 天然存在的微生物配制的制剂		

GB/T19630.1—2005 有机产品第一部分：生产附录 A

在有理由怀疑肥料存在污染时，应在施用前对其重金属含量或其他污染因子进行检测。应严格控制矿物肥料的使用，以防止土壤重金属累积。在有理由怀疑肥料存在污染时，应在施用前对其污染因子进行检测。检测合格的肥料，应限制使用量，以防土壤有害物质累积。禁止使用化学合成肥料和城市污水污泥。

（4）病虫草害防治。病虫草害防治的基本原则应是从作物——病虫草害整个生态系统出发，综合运用各种防治措施，创造不利于病虫草害滋生和有利于各类天敌繁衍的环境条件。保持农业生态系统的平衡和生物多样化，减少各类病虫草害所造成的损失。优先采用农业措施，通过选用抗病抗虫品种，非化学药剂种子处理、培育壮苗，加强栽培管理，中耕除草，秋季深翻晒土，清洁田园，轮作倒茬、间作套种等一系列措施起到防治病虫草害的作用。还应尽量用灯光、色彩诱杀害虫，机械捕捉害虫，机械和人工除草等措施，防治病虫草害。以上方法不能有效控制害虫时允许使用 GB/T 19630.1—2005 有机产品第一部分：生产附录 B（表 9－6）所列出的物质。

表 9－6　有机作物允许使用的植物保护物质和措施

物质类别	物质名称、组分和要求	使用条件
Ⅰ. 植物来源和动物来源	印楝树提取物及其制剂	
	天然除虫菊（除虫菊科植物提取液）	
	苦楝碱（苦木科植物提取液）	
	鱼藤类（毛鱼藤）	
	苦参及其制剂	
	植物油及其乳剂	
	植物制剂	
	植物来源的驱避剂（如薄荷、薰衣草）	
	天然诱集和杀线虫剂（如万寿菊、孔雀草）	
	天然酸（如食醋、木醋和竹醋等）	
	蘑菇的提取物	
	牛奶及其奶制品	
	蜂蜡、蜂胶	
	明胶	
	卵磷脂	
Ⅱ. 矿物来源	铜盐（如硫酸铜、氢氧化铜、氯氧化铜、辛酸铜等）	不得造成土壤含量超标
	石灰、硫磺、石硫合剂（多硫化钙）	
	波尔多液	
	高锰酸钾	
	碳酸氢钾、碳酸氢钠	
	轻矿物油（石蜡油）	
	氯化钙	
	黏土（如斑脱土、珍珠岩、蛭石、沸石等）	
	硅酸盐（硅酸钠、石英）真菌及真菌制剂（如白僵菌、轮枝菌）	

（续表）

物质类别	物质名称、组分和要求	使用条件
Ⅲ．微生物来源	细菌及细菌制剂（如苏云金杆菌，Bt） 释放寄生、不是、绝育型的有害天敌 病毒及病毒制剂（如：颗粒体病毒等）	
Ⅳ．其他	氢氧化钙 二氧化碳 乙醇 海盐和盐水 苏打 软皂（钾肥皂） 二氧化硫	
Ⅴ．诱捕器、屏障、驱避剂	物理措施（如色彩诱器、机械捕诱器等） 覆盖物（网） 昆虫性外激素四聚乙醛制剂	 仅用于诱捕器和激发皿内 驱避高等动物

（5）污染控制。有机地块与常规地块的排灌系统应有有效的隔离措施，以保证常规农田的水不会渗透或漫入有机地块。常规农业系统中的设备在用于有机生产前，应得到充分清洗，去除污染物残留。

在使用保护性的建筑覆盖物、塑料薄膜、防虫网时，只允许选择聚乙烯、聚丙烯或聚碳酸酯类产品，并且使用后应从土壤中清除。禁止焚烧，禁止使用聚氯类产品。有机产品的农药残留不能超过国家食品卫生标准相应产品限值的5%，重金属含量也不能超过国家食品卫生标准相应产品的限值。

（6）水土保持和生物多样性保护。应采取积极的、切实可行的措施，防止水土流失、土壤沙化、过量或不合理使用水资源等，在土壤和水资源的利用上，应充分考虑资源的可持续利用。

应采取明确的、切实可行的措施，预防土壤盐碱化。提倡运用秸秆覆盖或间作的方法避免土壤裸露。应重视生态环境和生物多样性的保护。应重视天敌及其栖息地的保护。充分利用作物秸秆，禁止焚烧处理。

第十章 草莓栽培作业历

一、露地草莓栽培作业历

北方地区露地草莓生产的通用指南见表 10－1。作业时间随着草莓品种、气候条件和地理位置的不同可稍作改变，此外，措施是针对连作的地块（除标注“新作”以外）。

表 10－1　北方地区露地草莓栽培作业历

月份	管理对象	措　施
1—2 月	植株	通常情况下，不作特别要求。
	土壤	检查田间灌排水设施是否完善，检测土壤侵蚀情况。
3 月生长初期	植株	中下旬撤除越冬覆盖的地膜等覆盖物；手工铲除越冬杂草。 新作育苗　选择平肥沙壤土，耕层 40mm 全层施足优质农肥，亩施 3 000～4 000kg。
	病害	摘除病枯老叶叶以预防果腐病、叶斑病等；人工清除芽线虫、芽枯的典型病株。
	虫害	3 月下旬开始检查红蜘蛛的发生情况，必要时，喷施杀螨剂。如果局部植株长势较弱，查看植株根部是否受到蛴螬、根象鼻虫幼虫、金针虫或长脚蝇幼虫的侵染，如发现，进行防治
4 月生长初期	植株	长势弱或贫瘠地块追施粪肥。继续清除杂草。土壤干旱时进行灌溉。 新作育苗整地与栽苗。根据不同品种，亩栽植组培原种苗 1 000株左右，保墒防旱。
	病害	继续检查防止蛴螬、小地老虎等地下害虫；检查红蜘蛛、蚜虫、白粉虱、象甲虫等发生迹象，及时进行防控。 新作育苗预防地下害虫和芽枯病、炭疽病。
	虫害	检查蛞蝓发生情况，特别是在阴雨天气。控制田边周围的大草，防止蛞蝓寄居其中。人工拔除垄内的杂草。 新作育苗　控制杂草生长，保墒防旱。

（续表）

月份	管理对象	措 施
5月现蕾及始花期	植株	如植株长势弱，喷洒叶面肥。天气干旱时进行灌溉。五月中旬开始准备收获。 新作育苗：人工或用除草剂除草；引领匍匐茎；及时掐掉花蕾。
	病害	刚入始花期，即进行果腐病的预防。检查和预防白粉病、叶斑病和果腐病的发生。 新作育苗预防叶斑病、炭疽病、白粉病。
	虫害	严密防控红蜘蛛、白粉虱、蚜虫、象甲虫、盲蝽等虫害。 新作育苗观测蚜虫、象鼻虫、蛴螬、小地老虎以及蚁害发生动态，及时防治。可用400倍液敌百虫或毒死蜱灌根防治地下害虫和蚁害。
6月花期果实发育期和成熟期	植株	长势弱时继续喷施叶面肥；保墒灌溉，人工除草。采收并销售果实。 新作育苗引领匍匐茎苗；摘除花蕾；如果植株长势不健壮，可追补肥料；人工或药剂除草。
	病害	利用食品安全生产允许使用的药剂防治果腐病、白粉病和叶斑病。 新作育苗：预防炭疽病、叶斑病、白粉病等。
	虫害	严密监控红蜘蛛、白粉虱、蚜虫、蛞蝓、象鼻虫等发生情况，及时采取相应防治措施。 新作育苗防治蛴螬、小地老虎、蚜虫、蚁害等。
7—8月采后管理与新作栽植	植株	采收期结束后持续除草；采取相应措施控制苗量过多； 新作育苗　防旱排涝；铲除杂草；七月中旬之前可对长势差的苗田追施平衡营养肥料，之后停止追施氮肥。 新作栽植　选择通透性好、排灌水方便两年以上未种植草莓的肥沃土地，清除上茬作物根茎及杂草，平整土地，大垄双行，垄高25～30cm，亩株数9 000～10 000株，栽后补苗，浇水防旱。
	病害	利用食品安全生产允许使用的药剂防治炭疽病、白粉病和叶斑病等。 新作育苗　预防炭疽病、叶斑病、白粉病等。 新作栽植　栽植缓苗后用25%多菌灵300倍液防治芽枯病，如果阴雨天较多，用克菌丹或百菌清预防叶斑病。
	虫害	继续检查红蜘蛛、蚜虫、白粉虱等的发生情况，必要时进行控制。 新作育苗　防治象甲虫、菜青虫等。 新作栽植　栽植缓苗后用毒死蜱等灌根预防地下线虫、金针虫、蝼蛄、小地老虎等地下害虫。
9月生长期	植株	防旱灌溉和排水防涝。深耕除草，清理病老残叶。
	病害	继续观察叶斑病、白粉病、炭疽病、青枯病等病害发生情况，必要时进行防治。
	虫害	继续观测防治蚜虫、红蜘蛛、象鼻虫菜青虫等地上虫害和蛴螬、小地老虎、蚂蚁等地下虫害。
10—11月生长期	植株	防旱灌溉和排水防涝。深耕除草，清理病老残叶。临上冻之前灌水保持土壤湿润，然后覆盖农膜越冬。
	病害	继续防治叶斑病、白粉病、炭疽病、青枯病等病害。在植株进入休眠前，喷甲霜灵锰锌、百菌清等，减少病原菌残留越冬量。
	虫害	防治蚜虫、红蜘蛛、象鼻虫菜青虫等地上虫害和蛴螬、小地老虎、蚂蚁等地下虫害；放鼠饵诱杀老鼠。
12月		检查修补农膜破碎漏洞，有条件的可在农膜上面再铺稻麦桔等防旱。

二、早春大拱棚草莓栽培作业历

北方地区早春大拱棚草莓生产的通用指南见表10－2，表中的作业时间随着气候条件和地理位置的不同可稍作改变；秋植育苗作业如同露地育苗（表内不做复述）。

表10－2　北方地区早春大拱棚草莓栽培作业历

月份	管理对象	措　施
1月越冬休眠期	植株	通常情况下不作特别要求。
	设施	检查拱棚设施状况，如有缺损，进行修补。
2月萌芽及生长初期	植株	棚内白天温度10℃以上，夜间温度4℃以上，草莓已萌芽时，地膜打孔拽出植株，将地膜落盖到垄面上。清理病、老、残叶；如地力缺肥可追施叶面肥。
	设施	月初立春前后覆盖大棚膜，撤除垅面覆盖的秸草，防止风灾。
	病害	将埋土过深的植株扒土清根，可用10%立枯灵或10%多抗霉素防治芽枯病。
	虫害	注意防治鼠害和金针虫、长脚蝇虫。
3月现蕾及始花期	植株	如长势弱可喷施叶面有机肥，生物微肥等；保持土壤湿度；置放蜜蜂；花果量特多的品种要疏花疏果。人工拔草；也可锄草松土。
	设施	防止风灾；人工放风调控温湿度，注意预防低温或高温伤害花蕾。
	病害	降低棚内空气湿度，预防生理白果和叶斑病、炭疽病、芽枯病、立枯病，选用低毒、低残农药。
	虫害	投鼠饵防鼠害；注意预防蚜虫、红蜘蛛、蛞蝓和蚁害。
4月花期果实膨大期	植株	摘除病叶、疏除残病花果，观察植株长势长相，缺肥时可追施叶面肥；保持土壤湿度；摘除新生匍匐茎。
	设施	人工放风调控温湿度；雨天闭棚避免花果受伤和泥浅污染果实。
	病害	用硫磺熏蒸预防白粉病，用烟雾剂防治灰霉病，用百菌清等防治叶斑病。
	虫害	用烟雾剂防治蚜虫、红蜘蛛，放药饵防治蛞蝓、鼠害，用500倍液敌百虫防治盲蝽。
5月果实采收期	植株	如枝叶繁茂，可在植株两侧用拉绳拢起叶片，以利果实吸收阳光着色，如叶片过多，可劈掉病老叶片，保持透光通风；摘果时间在上午8时前和下午4时后；摘除病果预防蔓延。减少灌水以保证果实品质。
	设施	人工放风及时，避免高温日灼和棚内湿度大导致白果病发生；雨天闭棚。
	病害	用烟雾剂防治灰霉病，用硫磺熏蒸防治白粉病。
	虫害	用药饵防治鼠害和蛞蝓。
6—7月采后土地空闲期	植株	如计划连作田块可拔除植株，休养土地。如改作其他作物可将植株旋翻到土壤中做有机肥料。
	设施	竹木桩等收集堆放，帘盖防雨；棚膜如可再用的应洗净入库。

（续表）

月份	管理对象	措　施
8 月栽植期	植株	秧苗栽前 5～7 天叶面喷施 0.03% 磷酸二氢钾。8 月中旬开始栽植，选择肥力好通透性强、排灌水方便的地块；垅向以南北为宜，拱棚宽跨 8m 左右（可根据土地条件设定），亩施优质农肥 4000kg，磷酸二铵 15kg，硫酸钾 10kg；垅宽 85～100cm，垅高 30～35cm，亩株数 8 000～9 000株。盖遮阳网有利于缓苗和减少死苗率。
	病害	百菌清、多菌灵等防治叶斑病。同时防治芽枯和立枯病。
	虫害	栽植缓苗后，400 倍液敌百虫灌根，防治地下害虫。
9 月营养生长期	植株	清除病老残叶，中耕除草，铺设滴灌带，保持土壤湿度。
	病害	防治叶斑病、芽枯病、白粉病。
	虫害	防治小地老虎、蛴螬、金针虫等地下害虫。
10 月营养生长期	植株	追施尿素和磷、钾、钙肥，氮肥不可超量。防止营养生长与生殖生长失衡。保持土壤湿度。中耕除草。
	病害	防治叶斑病、白粉病。
	虫害	防治地下害虫和蚜虫、红蜘蛛、白粉虱。
11 月越冬管理期	植株	封冻前灌一次透水。
	设施	封冻前埋好立柱，搭好棚架；覆盖地膜；封冻后地膜上可加盖秸草保温。
	病害	不做处理。
	虫害	不做处理。
12 月越冬休眠期		不做处理。

三、日光温室草莓栽培作业历

北方地区日光温室草莓生产的通用指南见表 10－3，表中的作业时间随着气候条件和地理位置的不同可稍作改变；秋植育苗作业如同露地育苗（表内不做复述）。

表 10－3　北方地区日光温室草莓栽培作业历

月份	管理对象	措　施
1 月营养生长花果期	植株	摘果时间在 9：00之前和 15：00 之后为宜；摘除花果结束的残花枝；清除病老残叶；随滴灌适量冲施配方肥料；或叶面喷施安全无毒的生物微肥和有机肥料。保持土壤温度；拔除杂草；疏花疏果。
	设施	夜间放草帘保温；电灯补光；放风调节温湿度；防止暴风和雪灾破坏温室。
	病害	摘除病叶病果；用烟雾剂防治灰霉病，用硫磺熏蒸防治白粉病，降低空气湿度减轻叶斑病和生理白果的发生。
	虫害	用生物源、矿物源农药或烟雾剂防治蚜虫、红蜘蛛和白粉虱；用药饵诱杀蛞蝓和老鼠。

（续表）

月份	管理对象	措　　施
2月营养生长花果期	植株	摘除花果结束的残花枝；清除病老残叶；随滴灌适量冲施配方肥料；或叶面喷施安全无毒的生物微肥和有机肥料。保持土壤湿度；拔除杂草；疏花疏果；及时摘除匍匐茎。
	设施	电灯补光时间缩短；放风时间延长；其他如1月。
	病害	如1月。
	虫害	如1月。
3月营养生长花果期	植株	如2月。
	设施	停止电灯补光；预防放风不及时高温灼害；其他如2月。
	病害	注意预防立枯病，其他如2月。
	虫害	用有机农药防治蚜虫、红蜘蛛、盲蝽、白粉虱和蚁害；用药饵诱杀蛞蝓和老鼠。
4月花果期	植株	追施配方肥料，保持土壤湿度，摘掉病老残叶和匍匐茎以及结果后残花枝；疏花疏果；大株型长势偏旺的可以在垅面两侧拉绳拢起植株叶片，以利花果采光着色。
	设施	停用蜜蜂；根据天气适时停止夜间放草帘；草帘晒干码垛防雨；及时放风，防止高温伤害。
	病害	烟雾剂防治真菌类病害，硫磺熏蒸防治白粉病
	虫害	如3月
5月采收期	植株	垅面两侧用绳拢起植株以利果实采光通风；摘掉病老残叶和匍匐茎以及结果后残花枝；疏花疏果。
	设施	放风降温，预防风雨。采收结束后撤掉旧膜，钢架涂漆保养，竹木架撤掉堆垛防雨。
	病害	重点防治白粉病、灰霉病和白果病。
	虫害	重点防治红蜘蛛、白粉虱、蚜虫和蓟马。
6月育苗期	植株	中耕除草，大面积草害可用拿扑净药剂除草；摘除花枝，领引匍匐茎；地力缺肥时可穴追尿素，或叶面喷施0.3%尿素水、0.1%硫酸钾；保持土壤温度；去杂除劣。
	设施	放风降温，预防风雨。采收结束后撤掉旧膜，钢架涂漆保养，竹木架撤掉堆垛防雨。
	病害	重点防治白粉病、灰霉病和白果病。
	虫害	重点防治红蜘蛛、白粉虱、蚜虫、蛞蝓和蓟马。
7月土地休养期	设施	修缮大棚；连作大棚进行土壤消毒。
	病害	清除干净果后植株根叶、杂草，减少病源。
	虫害	一般不作处理。

（续表）

月份	管理对象	措　施
8月育苗期及假植期	植株	安排假植的种苗在8月10日左右进行（棚内定植时间为9月中旬）；剪除新生小苗。
	设施	修建和维修温室；筹备竹木、农膜等。温室宜建在地势平坦、地力肥沃、通透性好、背风向阳的田块上，东西座向，南北跨度7.5～8m，东西长50～80m。墙体宽50～60cm，中脊高度竹木结构2.8～3m，钢架结构3.2～3.5m。
	病害	连作温室进行高温或药剂土壤消毒。
	虫害	温室内药剂毒杀小地老虎、金针虫、蛴螬等。
1—2月	植株	亩施优质农肥4 000kg、磷酸二铵15kg、硫酸钾10kg，40cm耕层全层施肥，南北起垅，垅高30～35cm，垅距90～95cm，大垅双行，亩株数8 000～9 000株，按种苗大小分类栽植，根须沾黄泥浆有利于成活率。保持土壤湿度，缓过苗后清理病老残叶。
	设施	盖遮阳网提高栽苗成活率；铺设滴灌带。
	病害	检查培土不能埋心，辅以多菌灵、百菌清等防治芽枯病。
	虫害	缓苗后400倍敌百虫液灌根，防治土壤线虫、地老虎、蛴螬、金针虫等。
10月营养生长期	植株	摘除病老残叶；中耕除草；保持土壤湿度；有的品种在覆盖棚膜保温一周后需适量赤霉素促进打破休眠和拉长花枝。
	设施	休眠200小时以内的品种覆盖大棚膜和地膜；设置补光电灯和预防白粉病的熏蒸器；注意放风调节棚内温湿度。
	病害	药剂防治炭疽、红中柱、立枯病和叶斑病；硫磺熏蒸预防白粉病。
	虫害	药剂防治蚜虫、菜青虫等。
11月花蕾期	植株	拔除杂苗；保持土壤湿度；如有缺肥病状，可随滴灌追施氮磷钾配方肥料，也可施用叶面肥；疏花疏果。
	设施	休眠越过200小时的品种覆盖棚膜和地膜；进行电灯补光；上草帘并夜间保温；置放蜜蜂；适量放风调节温湿度；温室后墙外用秸草或农膜保温；雨雪时卷起草帘；防止风、雪破坏温室。
	病害	药剂防治炭疽、红中柱、立枯病和叶斑病；硫磺熏蒸预防白粉病。
	虫害	药剂防治蚜虫、红蜘蛛、菜青虫等。
12月花果期	植株	保持土壤湿度；拔除杂草；如有匍匐茎生出要及时摘除；疏花疏果。
	设施	夜间放草帘保温；电灯补光；中午放风调节温湿度；防止暴风和雪灾破坏温室。
	病害	摘除病叶病果；用烟雾剂防治灰霉病，用硫磺熏蒸防治白粉病，降低空气湿病减轻叶斑病和生理白果的发生。
	虫害	用生物源、矿物源农药或烟雾剂防治蚜虫、红蜘蛛和白粉虱；用药饵诱杀蛞蝓和老鼠。

第十一章 草莓加工

草莓不但鲜食美味可口，还可以加工成糖水罐头、汁、饮料、酒、糖、果脯、酸奶、粉剂、果冻、冰棒、冰淇淋、冰糕、点心、干制品等几十种佳肴食品。下面介绍其中几种食品加工工艺。

一、速冻保鲜草莓

速冻草莓能保鲜几个月，可以运销到世界各地，做为精深加工原料。

（一）单体速冻草莓质量标准及工艺

质量要求：采用新鲜草莓原料，适时采摘，采摘时间宜为上午 7：00 ~ 10：00，轻放于塑料原料筐内，原料筐不得直接落于地面，果实新鲜洁净，不得有夹杂物和异物。采摘后及时运回工厂，从采收到加工不得超过 4 小时。质量标准要求：选用优良加工型品种，如哈尼、森嘎那、卡麦罗莎、达赛莱克特、达善卡等。具有成熟草莓的鲜艳、自然色泽，颜色均匀，软硬适度。具有新鲜草莓特有的香味，无外来异味。果形完整，果肉无脱落、无粘连、无冰被、无未熟果、畸形果、腐烂果、虫蛀果、病害果，无过熟果、日晒果，无青头、密籽头、萎缩果。分成 3 个级别：① L30 ~ 50mm ② M：20 ~ 30mm ③ S：15 ~ 20mm。三个级别分别包装，不得有混级现象。不得有叶片、花瓣、蒂等夹杂物，不得有金属、石头、玻璃、塑料、纤维、线绳、草叶、草棍、油漆、木屑飞虫、纸片、毛发等异物。从产地到最终成品，建立草莓产地编号，原料运输、暂存、加工过程、成品储存过程中严格履行编号制度，不得将不同编号产地草莓混合生产。10kg 纸箱，内衬塑料袋。纸箱要求为 5 层，无钉，并达到出口商检要求，塑料袋为食品用塑料袋，兰色，厚度不低于 75μm。重金属及农药残留要求见表 11 - 1、表 11 - 2。

表 11-1　重金属检出限（mg/kg）

项　　目	要　　求	项　　目	要　　求
砷（以 As 计）	≤0.5	汞（以 Hg 计）	≤0.01
铅（Pb 计）	≤0.2	镉（以 Cd 计）	≤0.03

表 11-2　各种农药残留检出限（mg/kg）

项　　目	要　　求	项　　目	要　　求
甲胺磷	≤0.018 8	乙酰甲胺磷	≤0.05
甲拌磷	≤0.006 8	氧乐果	≤0.061 9
甲基对硫磷	≤0.071 4	毒死蜱	≤0.010 2
对硫磷	≤0.008 0	甲氰菊酯	≤0.003 9
克百威	≤0.010	抗蚜威	≤0.006 1
氰戊菊酯	≤0.008 3	氯氰菊酯	≤0.016 9
二氟氯氰菊酯	≤0.007 5		

不得使用杀虫剂、除菌剂及其他化学添加剂，农药残留量要符合 FDA 及进口国对农残、重金属及其他生长剂等的限量规定。

工艺流程：原料验收⟶去蒂⟶分选⟶检质⟶清洗⟶分选⟶沥水⟶单体速冻（IQF）⟶金属探测仪探测⟶分选⟶称重⟶包装⟶冷藏（包装时每箱加重 20g）

操作规程：原料收购：严格按照原料要求认真收购，并及时加工。果形完整，去蒂干净，不得有硬芯，除去蒂刀口外，不得有修整刀口，将未熟果、畸形果、腐烂果、虫蛀果、过熟果、日晒果、表头，密籽头、萎缩果、病害果剔除。将异物及夹杂物剔除。要求将草莓清洗干净，洗净泥沙及蒂片等杂质。要求用食品级次氯酸钠消毒液消毒，浓度为 20 ~ 30mg/L。沥净表面水分。单体速冻（IQF）：单体速冻机内温度降到 -35℃以下才可进行速冻产品，使产品快速冻结，调节单冻机传送速度，使出料中心温度达到 -18℃以下。金属探测仪探测：所有产品必须过金属探测仪探测，要求每 1 小时用探测球探测金探仪精度，并记录，如发现探测到的物品，必须予以记录。探测仪探测精度要求为 Feφ1.0mm SUS304φ1.5mm。冷包间内分选，要求冷包间温度为 -5℃以下，按分选规格及质量标准严格分选。产品先装入内衬袋中，称重，每袋净重 10kg，每袋加重 20g，塑料袋密封，之后装入纸箱中，纸箱外注明工厂名，制造日期，产地编号，规格。产品存放于－18℃以下单独冷藏库中储藏，其冷藏库不得存放其他产品，库温不允许有较大变动，库温需每2小时专人记录。冷藏车运输，冷藏车达到－18℃以下时方可离开工厂并记录离厂温度及时间。微生物指标要求：菌落总数≤1 500个/g，大肠菌群阴性，致病菌不得检出。

（二）加糖速冻草莓

洗果→消毒→淋洗→除蒂萼→选剔→水洗→控水→称重→加糖→摆盘→速冻→装袋→密封→装箱→冻藏。

二、糖水草莓罐头

罐头食品加热密封码存方法在18世纪末问世应用，目前已是人类司空见惯的食品贮藏保鲜办法之一，糖水草莓罐头产品有许多优点，主要是甜酸适口，营养丰富，保存时间长，可以常温下进行远距离运销。

糖水草莓罐头制作原理是通过加热破坏果实中的酶，停止其生命活动，固定其品质风味，通过排气使罐头内保持半真空状态，防止各种氧化作用，保持品质风味和色泽；通过密封隔绝外面的微生物，防止再污染，通过杀菌消除导致果实败坏的微生物，通过加糖增加适应性和延长保鲜时间，其工艺如下：

原料→清洗→筛选→除蒂萼→软化→处理→装罐→排气→封口→检验→杀菌→保温→检验→装箱入库

三、草莓浓缩果汁

草莓浓缩果汁是由蒸发器作用后生产出来的稠状果汁，与回加的鲜果汁、冷压皮油、香精浓缩液等进行调配收集后存到大形容器中，最终可根据不同食品配方制成多种草莓风味的美味佳肴。其生产工艺如下：

原料→清洗→选果→除蒂萼→粉碎→榨汁→酶化→澄清→过滤→杀菌→浓缩→包装入库

四、草莓酱

草莓酱是欧美传统日常食品，它的凝冻状态是由果胶、糖和酸的适当配合而形成的，主要成份是草莓果肉和适量糖分。含有可溶性因形物较多，具有一定的防腐能力，即在不完全密封条件下，也可以放置一段时间不变质。草莓酱辅以面制品共食，营养价值全，平衡利用率高。其生产工艺如下：

原料→清洗→选果→除蒂萼→配比→软化→浓缩→装罐→密封→杀菌→冷却→成品

五、草莓汁

果汁工业是食品工业的主要部分，鲜果的风味且营养物质主要存于果汁中，加工制成的果汁饮用方便，极受市场欢迎。发达国家饮食习惯认为早餐没有果汁就是一个不完整的早餐，而我国当今果汁消费量和人均果汁消费量日益增多。草莓汁色红芳香，酸甜适口，老少皆宜，是消渴润喉，保健营养之佳品。草莓汁加工对草莓果实形状大小要求不严格，但要求果实成熟度近于完熟为宜。其生产工艺如下：

原料→清洗→除蒂萼→压榨→分离→灭菌→调配→检验→灭菌→灌装→热封包装→成品

六、草莓果脯

草莓果脯相对其他水果果脯制作较复杂，主要原因是草莓是典型无硬护皮浆果，制作过程极易变形破损。其生产工艺：

原料→清洗→除蒂萼→硬化→脱硫漂洗→第一段真空渗糖→缓慢放气→第二段直空渗糖→缓慢放气→第三段直空渗糖→浸泡→沥干→烘干→成品

七、草莓果冻

草莓果冻是以草莓鲜果汁为基本原料与糖调配煮制而成的高营养食品，特别令青少年所喜爱。其生产工艺：

原料→清洗→选果→除蒂萼→预煮→榨汁→加热→浓缩→调整→装罐→密封→杀菌→冷却→成品

八、草莓酒

草莓果酒具有特殊的草莓香气风味，低洒度、富营养、饮用人群广，其生产工艺：

原料→分选→洗涤→破碎→汁渣→

分离→ | →汁→前酵→补糖→发酵→除沉淀→满缸封存→陈酿→草莓汁原酒 — | →
　　　 | →渣→分离→汁→发酵→除沉淀→满缸封存→陈酿→草莓渣酒 — |

勾兑→过滤→装瓶→灭菌→草莓酒

九、草莓真空冷冻干燥工艺

草莓真空冷冻干燥是近年来果品加工业新技术工艺产品，具且果形不变（切丁除外）营养不变、风味不变和色泽不变等优点。在密封干燥贮存条件下，可安全贮藏3～4年。冷冻干燥草莓可通过吸湿恢复新鲜草莓原状，也可以深加工成草莓粉、草莓粒粒橙等食品。

草莓的真空冷冻干燥一般可分为四道工序，即：前处理、冻结、升华干燥、后处理。通常的食品冻干工艺流程如下：

原料⟶分选⟶清洗⟶冻结⟶真空冷冻干燥⟶分选检查⟶真空包装⟶成品

其中，冻结和真空冷冻干燥是关键工序。

1. 前处理

在草莓加工过程中，无论是冷藏、干制还是罐装，都需要进行前处理。

（1）分选。将有损伤、虫害、腐烂变质及鲜果中有缺陷的原料分离出来。

（2）清洗。将合格的草莓进行清洗，洗除其表面的泥土，适宜用倾斜式连续滚筒清洗机清洗。

（3）切分。根据产品需求要求，对清洗后的草莓进行选级分类或者切片、切丁。

（4）预冷。预冷可大大缩短冻结时间，减轻冻结设备的负荷。对表面吸附水分较多的草莓还要进行充分沥水，以去除多余水分。

2. 冻结

分为自冻和预冻两种。自冻是将经过前处理的草莓装入冻干舱，然后抽真空，压力降到1托左右，草莓由于水分的剧烈蒸发而降温的冻结。该方式外形效果差。预冻是在真空冷冻干燥前用冻结装置将草莓冻结，其冻结装置可以在干燥舱外，也可以在干燥舱内。冻结温度必须低于草莓所给出的三相点温度。一般在$-40\sim-30$℃。

冻结速度不同时，草莓内形成的冰晶大小不同。冻结速度越快，形成的冰晶越小，升化过程中水汽逸出通道也越小，升华干燥的速度就越慢，冻干周期越长，降低了冻干效率。但如果冻结速度太慢，形成的冰晶过大，则会造成草莓中细胞壁受损，使有机物外溢，造成产品质量下降。因此，必须选用适当的冻结速度，才能获得理想的冻干制品。

3. 真空冷冻干燥

是整个冻干工艺中最关键的工序。真空冷冻干燥过程是在密闭的真空容器中进行的，保持合适的真空度是至关重要的。从草莓升华出来的水汽及外界漏入干燥舱内的空气必须及时被除去，以维持一定的真空度。由于舱内压力很低，水汽比容很大，一般的机械真空泵很难将其抽除。所以通常采用水汽捕集器来捕集水蒸汽，其余不可凝气体由真空泵抽除。

为提高升华速度缩短产品冻干周期，需及时补充适当的升华潜热，加热方式可分为：直接式（如电热丝、管、板、微波、远红外线等）和间热式（用载热介质）；

按热传递方式可分为：传导式和辐射式。因辐射式加热传热均匀、效率高等优点，多被大型冻干设备采用。

冻干开始进行时，草莓表面的结晶，通过吸收升华潜热而升华为水蒸汽，由表及里地向外逸出，逐渐使草莓中的水分脱出。通常干燥前 2 ~ 3 小时内主要是草莓中的自由水的升华脱出，为常速干燥阶段。后期一部分结合水通过解析过程升华除去，为解析干燥阶段。传质（水汽通过干燥层逸出的过程）是通过冰晶升华时对应的饱和蒸汽压与环境真空度的压差来实现扩散的。渗透压差越大，传质的动力越大，传质的速度越快。但需要补充的升华潜热也相应要加大。所以，适当提高升华时温度和传热系数，减少水汽逸出时的阻力是至关重要的。但升华时温度要受一定的限制，草莓的冻结部分的温度应低于共熔点温度，否则冻结部分将融化；已干燥部分的温度应低于其崩解温度或允许最高温度范围内。所谓崩解温度是当温度上升到一定值时，已干燥部分构成的骨架刚度下降，变得有黏性而塌陷，封闭了已干燥部分的海绵状微孔，阻止了升华继续进行，这时如果供热过量，草莓将会融化报废。

冻干的升华潜热是由干燥舱内加热板以辐射的形式传递的。加热板的温度是根据草莓允许最高温度以及传热系数，按照干燥过程的实际需要而严格控制的，这种温度与时间的函数控制曲线称为真空冷冻干燥曲线。选择合适的曲线是真空冷冻干燥工艺的关键。

4. 后处理

要根据冻干草莓产品的等级、保存期限、客户要求等进行分选、计量、检查等后处理及包装。通常包装室内的空气相对湿度应限定在30% ~50% 。包装一般采用：罐装、简易盒装、简易袋装、真空包装或真空充气包装等。因为冻干草莓一般为多孔疏松结构，表面积大，易吸湿破碎和氧化，包装材料应不透水、不透光、能蔽光，以便于长期贮藏。

主要参考文献

白元俊 . 2002. 草莓病虫害防治［M］. 北京：科学普及出版社.
曹坳程 . 2003. 中国甲基溴土壤消毒替代技术筛选［M］. 北京：中国农业大学出版社.
陈立新 . 1998. 北方温室塑料大棚建设与栽培技术［M］. 哈尔滨：东北林业大学出版社.
董清华 . 1999. 保护地草莓高产优质栽培［M］. 北京：中国农业大学出版社.
谷军，雷家军，张大鹏. 2011. 有机草莓实用栽培技术［M］. 北京：金盾出版社.
谷军，雷家军. 2005. 草莓栽培实用技术［M］. 沈阳：辽宁大学出版社.
雷家军. 2014. 有机草莓栽培实用技术［M］. 北京：化学工业出版社.
刘连馥 . 1998. 绿色食品导论［M］. 北京：企业管理出版社.
孟新法 . 1998. 草莓保护地栽培 150 问［M］. 北京：中国农业出版社.
张运涛 . 2009. 草莓研究进展［M］. 北京：中国农业出版社.
赵春生 . 1998. 草莓设施栽培［M］. 北京：中国林业出版社.
赵密珍 . 2005. 草莓［M］. 北京：科学技术文献出版社.